JN056195

講座　これからの食料・農業市場学

4

食と農の変貌と食料供給産業

福田晋・藤田武弘　編

筑波書房

日本農業市場学会『講座　これからの食料・農業市場学』の刊行に当たって

　日本農業市場学会では、2000年から2004年にかけて『講座　今日の食料・農業市場』全5巻（以下では前講座）を刊行した。前講座は、1992年に設立された学会の10周年を機に、学会の総力を挙げて刊行したものであった。前講座は、国際的にはグローバリゼーションの進展とWTOの発足、国内においては「食料・農業・農村基本法」制定までの時期、すなわち1990年代までの食料・農業市場を主として対象としたものであった。

　前講座の刊行から約20年が経過し、同時に21世紀を迎えて20年余になる今日、わが国の食料・農業をめぐる国際的環境と国内的環境はさらに大きく変化し、そのもとで食料・農業市場も大きく変容してきた。

　そこで、本年が学会設立30周年の節目に当たることから、『前講座』刊行後の約20年間の食料・農業市場の変化と現状、今後の展望に関して、学会としての研究成果を再び世に問うために本講座の刊行を企画した。その際に、食料・農業市場をめぐる対象領域の多面性を考慮し、以下の5巻から構成することにした。

第1巻『世界農業市場の変動と転換』（編者：松原豊彦、冬木勝仁）
第2巻『農政の展開と食料・農業市場』（編者：小野雅之、横山英信）
第3巻『食料・農産物の市場と流通』（編者：木立真直、坂爪浩史）
第4巻『食と農の変貌と食料供給産業』（編者：福田晋、藤田武弘）
第5巻『環境変化に対応する農業市場と展望』（編者：野見山敏雄、安藤光義）

　各巻・各章においては、それぞれのテーマをめぐる近年の研究動向を踏まえつつ、前講座が対象とした時期以降、とりわけ2010年代を中心とした世界とわが国の食料・農業市場の変容を、それに影響を及ぼす諸要因、例えば世界の農産物貿易構造、わが国経済の動向と国民生活・食料消費構造、食料・農業政策の展開、農産物・食品流通の変容、農業構造の変動などとの関連で

俯瞰的かつ理論的・実証的に描き出すことによって、日本農業市場学会としての研究の到達点を示すことを意図した。

　本講座の刊行に当たって、学術書をめぐる出版情勢が厳しいなかで、刊行を快く引き受けていただき、煩雑な編集作業に携わっていただいた筑波書房の鶴見治彦社長に感謝したい。

　2022年4月

『講座　これからの食料・農業市場学』常任刊行委員
小野雅之、木立真直、坂爪浩史、杉村泰彦

目　次

序章

農業・農村から食を伝える

1．農業市場学における食の位置づけ

　第4巻のタイトルは、「食と農の変貌と食料供給産業」となっている。その中の「農」については、農業市場学会の主な研究対象としてきた農畜産業、水産業の市場のあり方、政策の変遷、国際化という観点から、他の巻で十分取り扱われている。それに比べて、「食」という観点、すなわち食料消費、食生活、食品産業という分野は、従来農業市場学会としては相対的に手薄な領域で、フードシステム学会が主な研究対象領域として幅広く扱っていた。もちろん、二つの学会に属して、フードシステム学会において活発に「食」に関わる研究を展開してきた研究者個人も存在する。しかし、学会として組織立ってみると、「食」に関わる領域は、従来手薄であったことは否めない。

　従来にも増して消費者の食生活の在り方や食品産業の戦略・食品産業との連携、農村資源を活かした産業おこしが重要になった中で、農業市場学会として扱うことの意義を改めて問い直し、到達点と今後の方向性を明らかにすることは重要である。

　第4巻では、食料消費と食品産業および農水産業のあり方と展開は、相互規定的であるとの立場に立って食品製造業、外食産業、農産物マーケティング、食料消費等の領域に迫ってみたい。とりわけ、6次産業という概念を広

義にとらえて、食料供給産業から消費までをカバーしている点に特徴がある。いうまでもなく、6次産業は、2010年に「六次産業化・地産地消法」が公布され、1990年代末から浸透し始めた6次産業化の支援政策に制度的裏付けがなされた。生鮮農産物を食料供給産業に供給する役割を主として果たしていた農業経営体が、販売、流通、加工を始めとして、農業資源の付加価値化に関わるようになり、食と農は大きく変貌を遂げているという背景を意識している。

　第4巻ではマクロ的視点での食料市場のあり方、食料取引のメカニズム、食料市場の水平的競争構造、垂直的競争構造分析（統合、調整）の意義、手法等について、また、ミクロ的視点での食品マーケティングの考え方について、現状を俯瞰したうえで、今後の方向性を展望することは、市場研究分野にとって重要となる。

2．食生活と食行動からみた食料供給産業

　今日、私たちの食生活は大きく変化したといわれているが、食料の消費に関しては、従来家庭内で行われていた調理や食事を家庭外に依存する傾向が強まり、「食べ方」が大きく変化してきた。これは、洋風化・欧米化などと言われた脂質や肉食によるたんぱく摂取の増加など「食べ物」の変化とは異なる傾向である。この「食べ方」の変化は、外食や中食（総菜）といった食品産業の成長とのかかわりを見過ごすことはできない。また、カット野菜、加工肉、果物加工品といった加工食品の増加も家庭外で調理がなされたという点では、「食の外部化」ということができる。

　その内容は食行動の変化による。食行動は、食生活を維持していく一連の行動であり、①食品の購買行動（店舗選択、商品選択）、②加工・調理行動（加工・調理、保存、廃棄）、③摂食行動に分割される（玉木・大浦2021，pp.33-34.）。とりわけ、②加工・調理行動は、それがメニュー考案から1次加工、調理、配膳・片付け、保存、廃棄の工程に分けられる。消費者がすべての工

程を賄う場合「内食」、メニュー考案と一次加工、調理を外部化し、配膳以降は内部化されたものを一般的に「中食」と呼んでいる。中食の場合、弁当や総菜のように購入してすぐに接触することのできるものから、カット野菜や冷凍食品のようにメニューの一部を外部化し、調理の一部を担うなどの分担形態も存在する。

　この加工・調理過程の外部化・内部化は、一般的に指摘される食の外部化、簡便化、食のビジネス化等のキーワードと密接にかかわっている。食の外部化、簡便化、食のビジネス化等のキーワードに対して、加工・調理行動コストの変化の視点を取り入れて考察すると以下のようになる。

　すなわち、

　①外食や中食の進展などの食の外部化、簡便化は、女性の社会（労働市場）進出、単身・2人世帯増大、個食の増大によってもたらされるものであるが、これは、社会環境の変化等によって家庭内の加工・調理コストの上昇することが背景にある。中でも個食（パーソナライゼーション、弧食、子食）は、食行動という視点からは、摂食行動に分類されるものであり、小世帯の増加が主な要因ではあるが、個々人の生活パターン、嗜好や健康、栄養を背景にした摂食行動等さまざまな要因から「食のパーソナライゼーション」が進展し、家庭内加工・調理コストの上昇要因となっている。また、この「食のパーソナライゼーション」は、食品製造業等の食品産業の新たな食品供給戦略となっている。

　②食のビジネス化は、大手食品製造業等における労働と資本の代替、さらなる食品製造の技術進歩、低労賃雇用などにより、外食や中食の加工・調理コスト低下をもたらしている。なお、大手食品製造業に比べ、低賃金労働力の依存度の高い零細総菜業者等は、加工・調理コスト低下の影響は大きいものではない。

　③いわゆる醸造、味噌、醤油等の地場産業と結びついた伝統的食品製造業は、6次産業とも関わるものであるが、手作りを売りとするため熟練労働力や職人、巧の労働力に依存する程度が高く、加工・調理のコスト高どまりが

顕著である。この点については、手作り、職人、巧み或いは風土、地場農業との物語といった特徴をマーケティングに活かしたり、「ブランド」化できるかという点とも関わってくる。

　④冷凍庫や電子レンジ等の家庭内普及は、冷凍食品や総菜等中食の増大に著しく貢献したといえる。これらの製造源は、いうまでもなく家庭用電機メーカーの進出が背景にあり、高機能化と低価格化が加工・調理コストの低下をもたらしている。この点は、中食の増大だけでなく、家庭内食の簡便化にもつながるものである。

　以上の考察でわかるように、食品原料そのものの価格もさることながら、調理・加工コストの相対化によって、食生活は大きく変わってくる。このような中で、巧みや高品質、健康、安心といった視点でのブランド化やマーケティング戦略は、どこまで可能性があるか、という視点も重要となる。以下では、大きく川上（六次産業・食品製造）、川中（外食・海外原料調達・輸出・マーケティング）、川下（消費）といった三つの観点から第4巻で取り扱う内容と今後の方向等について述べる。

3.6次産業・農商工連携と農村資源の有効活用による希少価値の形成

　6次産業化による農林水産物・食品の高付加価値化は、攻めの農林水産業展開の3本柱の一つであるバリューチェーンの構築のカギを握るものである。6次化については、農業経営体が二次、三次をすべて自己完結的に担うものと誤解されている点に注意が必要である。自己完結型の6次産業化は、資金もない、技術もない、販路もないという「ないないづくし」で、6次化など夢物語であるということになる。そうではなく、食品産業とりわけ地場の食品産業との連携を考慮する必要がある。農家の資源利用および生鮮農産物を生産する技術と食品産業の食品加工技術、販路を連結させることが重要となる。JAがその食品産業に参入するというケースも考えられる。そのすべてを農家自ら行わなければ六次化に参入できない訳ではないということである。

　政府は「総合化事業」を実施する事業者の認定制度に取り組んでいるが、
6次化に農家単独で取り組むのではなく共同事業者が想定されている。さら
に、事業を促進するための促進事業者も想定されている。そのようなパート
ナーを探しだすことが重要なのである。

　さらに、6次産業化は単に加工製品の開発にとどまらず、地域資源を活用
したうえで、その商品により「地域ブランド」を確立することが重要である。
そして、地域ブランドの確立のためには、産地側と信頼関係が構築できる食
品製造業者や流通業者のような適切なパートナーを見出すことが必要である。
このようなパートナーを農家レベルで探すことは容易ではない。ここにも
JA系統組織の重要な役割がある。

　さらに、生産 - 加工 - 販売の統合化が全体的に進展していくと、産地ある
いは周辺の地域に関連する産業や事業が互いに結びついて、さらに相乗効果
が期待できる「食料産業クラスター」が形成されるのである。これをどのよ
うな地域で実現するかはさまざまであろうが、JAエリアを一つの圏域と想
定することはできであろう。

　農協が自ら食品製造工場を設置して、加工食品の製造販売を行う6次化に
取り組む場合でも農家と同様に資本の制約条件が存在する。経営の安定性を
考慮すると、固定資産を抱え込むことは大きなリスクである。ただ、この場
合も加工製造については、OEM委託生産を行い、自らのブランドで販売す
ることに力点を置くことは可能である。もちろん、一次加工品を生産し、実
需者に販売するか、最終加工食品を生産し、卸小売をターゲットにするかに
よって対応は異なる。いずれにしろ、農家レベルの6次化がB to C取引で消
費者との強固な関係を構築すべきであるのに対し、農協サイドはB to B取引
を主体に行うべきである。また、農家レベルの6次化との競合を避ける意味
で、大量生産が可能な産地主力品目であるべきで、その付加価値化に重点を
置くべきである。当然、出荷流通範囲も農家レベルよりも広域になろう。委
託生産で一定の市場性と収益確保の検討が行えたうえで、自ら加工生産に乗
り出すという方向を考えるべきである。

筆者は以前、「六次化は、多様化した消費者市場のセグメントを行い、その中でターゲットを絞り、自らの製品のポジショニングを明確にしたうえで、どのようなマーケティングを行うか、という従来の農業界の最大の弱点が問われているのであり、そのような意識の改革ができることが重要」と指摘（福田2013）したが、その点はいっそう重要となっている。第7章、第8章ではそれらに関わるマーケティングやブランドについて検討している。

　しかし、実際に意識改革が市場をセグメント化して、ターゲットを絞り、製品のポジショニングをする行動につながっているかを実態として数多く確認できたわけではない。多くの事業者が「加工」に取り組んでおり、そこに付加価値形成をおいていることは理解できるが、どのような製品を、どのような販路で、どの程度の価格で、どのような販売促進のもとで売るかという点は、多くの事業者が抱えている課題なのである。

　さらに筆者は、以前6次化の課題として、有力なパートナーとその連携、それらを仲介するコーディネーターの存在の重要性を指摘した。この点は、今回のファンド事業で考慮されているものの、上述した認定事業者レベルでは、地域のプランナーがその重要な役割を担っていることは言うまでもない。これらの課題を6次化に取り組む多くの事業者が解決して成果を出すにはいましばらく時間がかかるであろう。早い時期にこれらの具体的支援が望まれるのである。具体的なマーケティング戦略がなければ、意識の高まりはできても、成長産業化にはつながらないのである。

　以上のような視点を貫いて、第1章で6次産業、第2章で農商工連携を取り上げている。わが国の農林漁業は安価な輸入農林水産物の増加などにより、所得の減少や担い手の高齢化・減少が進み、農山漁村は地域経済の衰退や耕作放棄地の増加などさまざまな問題を抱えてきた。このような中で、食と農に関わる課題として、2000年以降政策的にスポットライトを浴びたのが、農業経営の6次産業化（第1章）と地域振興としての農商工連携である（第2章）。

　第1章では6次産業化の系譜と既存研究について整理するとともに、6次

産業化政策の制度的枠組みについて概観したうえで、6次産業化に取り組む
事業者の実態を統計分析と沖縄県内の事例調査に基づいて明らかにし、今後
の課題について考察している。そこでは、①多様な経営資源を有する地域内
の他の農業者や企業、関係機関等と連携して魅力的な商品・サービスの開発
や販路・集客の確保を図っていくこと。②地元の消費者や実需者向けの商品・
サービスの提供を重視することやインターネット等を活用した通信販売にも
力を入れるなど多様な販路を保持し、リスク分散を図ることが重要と指摘し
ており、地域の食文化や歴史的な景観、環境や生態系を守るためにはコミュ
ニティを重視した6次産業化の取組を推進していくこともきわめて重要であ
ると結論づけている。

　一方、農山漁村における地域経済の衰退のもと、農商工連携が推進されて
おり、地域の基幹産業である農林水産業と商工業の連携を強め相乗効果を発
揮することは、地域経済の活性化を促進すると期待されている。第2章では、
農商工連携の系譜と政策展開について整理するとともに、農商工連携事業の
取組実態を明らかにし、今後の展開方向について考察している。今後の農商
工連携は、農林漁業者への適正な成果配分の実現とともに、連携体の良好な
関係性の維持などによる農林漁業者の所得向上を実現したうえで、産業振興
から地域振興へと展開する必要があるとともに、その際には一定の地域内に
おいて多様な主体が連携し、地域資源や地域経済の循環といった視点も取り
入れた持続可能な取組を提言している。

　農業経営サイドの多角化により、付加価値を農村部に生み、所得増大を目
指すことは、6次産業化のテーマであったが、個別経営のみで完結するので
はなく、2次産業（食品製造業）や3次産業（商業）との連携により展開す
るようになった。すなわち、2次、3次産業を統合するか、農と商工業が連
携するかという視点が、重要になっている。これは、農業の市場問題として
は、最終食品を供給する際に、農業経営体が組織内部でインテグレートして
商品を提供するか、農業経営体と商業・製造業が連携して取引するかという
問題につながる。ここでいう連携は従来からの市場を介した商品の取引とは、

大きく異なる。連携は、商品生産をめぐって農業サイドと商業および製造業との何らかのアライアンスが働いており、その意図のもとに連携が進むものである。したがって、連携において農村部など特定のエリアでの結びつきが強くなれば、そこには、「農村振興」、「地域振興」といった視点が強くなる。また、産業形成という視点からは、産業複合体、産業クラスターといったキーワードが浮かび上がってくる。

　以上の取組は、乖離した食と農の関係を再構築する動きでもあり、食と農が抱える課題を解決する動きでもある。そして、これを都市・農村交流という視点から考察することも重要となる。

　第3章では、現代日本社会における「食」と「農」の問題状況と解決に向けたさまざまな模索を概観したのち、都市農村交流施策の展開と特徴ならびに関連する既存研究の到達点と課題を整理している。その上で、食料・農業市場の変容下におけるさまざまな都市農村交流活動を事例に、それらの取組が乖離した「食」と「農」との関係をいかに再構築するのかについて考察している。交流のタイプは異なるものの、教育旅行における農村生活体験、農業体験農園、農村ワーキングホリデーの各々において取り組まれている交流活動の成果として共通するのは、農村での農作業や生活体験を通した人とヒトとの繋がり（都市農村交流）が、「食」と「農」との関係の隔たりによって都会の生活では思いを馳せることができなくなっていた農業・農村が直面する課題や悩みに対する共感を育み、結果として他人事ではなく自分事として考える（当事者意識を持つ）ことのできる人材を育成する機会を提供しているという点である。

　一方で、都市農村交流活動を通じた外部人材の受入は、農村にとっても、①非日常の眼差しを通じて、地域資源が有する固有の価値が顕在化する（"気づき"の喚起）、②農村内部の人材のみでは不足していたマーケティング、商品規格・開発、新規販路の開拓などに必要なノウハウや人的ネットワークの活用可能性が拡がる、③外部人材による地域の「なりわいづくり」活動を契機として地域コミュニティが活性化する等の変化をもたらしていることを

明らかにしている。

4. 興隆する食品産業の役割と産地マーケティングの期待（第4～第8章）

　第4章では、食市場を担う外食・中食企業の動向について、主に食材調達に着目しながら、既存研究での到達点と近年の動向を示すことを課題としている。まず、統計から業界全体の動向を概観し、農業経済分野の外食関連既存研究をレビューすることで、現時点での到達点を明らかにしている。次に、外食企業の調理と食材調達様式の近年の変化を事例から明らかにし、今後を展望している。

　外食企業は、80年代からチェーン化と多店舗展開によって調理・調達部門を再編させており、中食ではコンビニが2000年以降台頭していること、業務用向け青果物の生産と流通対応が進んでいること、業務用食材の調達に関して、専門に行う中間業者が展開している一方で、産地でも対応が進んでいることを明らかにしている。最後に、2010年以降～コロナ禍における変化として、大手外食企業では保管、ピッキング、配送等も外部化が進んでいることが事例から明らかになった。これにより、産地側では契約生産量、種類の減少などの変化が見られ、産地段階での一次加工などの対応を迫られている。

　90年代から外食産業の展開とともに進んだ業務の細分化と社会的分業は、近年さらに深化しており、在庫リスクや整備の維持費などの固定費を減らす目的で、全国展開するチェーン店を中心に進んでいる。食産業内での競争激化とコロナ禍による打撃によって、大手企業では今後もさらにこの傾向は進む可能性がある。食材調達は業務委託先の食品製造業者や中間業者と外食企業の関係性にも影響を受けると考えられることから、サプライチェーン全体の動向に注視する必要があると結んでいる。

　ところで、大手食品企業を中心に、原材料を海外、とりわけ中国から調達する行動が増大し、それらの調達行動を追う事例研究が増えてきた。ところが、冷凍野菜では、2010年頃より中国から日本向けの輸出量の大幅なシェア

低下に伴い、日本側の交渉力が弱体化してきた。第5章では、南米の中で最も冷凍野菜の輸入量が多いエクアドルを対象に、その輸入量が低位で推移し、産地のリスク分散が進まない要因とそれを解決する可能性について分析している。結論として、エクアドルの大手冷凍野菜製造企業の場合であっても、経験の浅さもあり、日本側が要望する規格や基準を完全には把握できておらず、要望に応じた製造能力が低い現状にある。そのため、中国の伝統産地および新興産地にある開発輸入先と比較し、品質と価格の両面で格差が生じており、日本国内では顧客離れが進んでいた。日本の食品卸売業者、外食企業、食品小売業者等の実需者（顧客）の信頼を回復し、顧客ニーズを再度掴むことは容易ではない。しかも、他品目へと取扱品目を拡大させるには、各農作物の栽培に関する知識や、製造・管理方法に関する知識等、更なるノウハウの習得が必要である。ゆえに、現時点において、短期的に多くの品目を対象に、エクアドルを中心とした南米の新興産地へと開発輸入先が本格的に広域化するとは考えにくいことを明らかにしている。

　第6章では輸出について扱っている。輸出については、加工食品の輸出が中心であり、商社および食品企業へのビジネスチャンスを期待できる点に理解を示すものの、産地や生産者へのパフォーマンスという日本農業への効果に関しては未だ懐疑的な指摘も多い。その中にあって国産原料を活かし、差別化された嗜好品として輸出量を増やしている清酒に焦点を当てて、国際化の持続的発展の成否は、輸出相手国・地域での販路開拓・確保がポイントになるとの仮説のもとに、秋田県および秋田県内の酒造業者による輸出相手国・地域での販路開拓・確保の取組を事例として実証分析を試みている。その結果、安定的な輸出を誇る企業にあっても、輸出シェアは1割にとどまり、今後の対応としては、複数企業共同のマーケティング活動が望まれることを提言している。

　第7章では、農協マーケティングの転換期において、これまでの産地マーケティング論の限界を明らかにし、どのような視点からの新たな体系化が必要かを明らかにしている。そこでは、①農協共販の意義の喪失の可能性、②

農協マーケティングにおける戦略的マーケティング論の不整合、③今後の産地マーケティング論（農協マーケティング論）に求められるものとして、農協独自の戦略的マーケティングの体系化と農協マーケティング組織の存在意義（および中抜きの意義）の理論化といった点の重要性を明らかにしている。

　第8章では、ブランド化について分析している。農産物・農産加工品のブランド化は、産地が価格交渉力を得るための手段の一つであり、それによる儲かる農業の確立や地域活性化の実現が期待されている。一方で、農産物・農産加工品ブランドにおいては多くのブランドで十分な品質管理等の対応がなされておらず、ブランド認知が十分でなく、価格プレミアムも小さい状況にあった。そこで2015年に施行されたのが、GI制度である。GI制度は、登録産品の認知の形成には一定程度貢献したものの、制度自体の認知度が低く、また消費者の購買行動にも繋がっていない点がうかがえる。成功事例を見ても、制度へ登録すればすべて解決するものでなく、登録をきっかけにブランド化へ向けた対応をさらに展開し、消費者の信頼を得る努力が必要となることを明らかにしている。

5．消費動向の変化と新たな研究の方向性（第9〜第11章）

　食品の商品としての特徴として、必需性、飽和性、習慣性、生鮮性、安全性があげられる（中嶋・菊島2021，p.15.）。この中で、必需性は、人が生存するために食品を継続的に摂取しなければならないというというものである。一方、食には、豊かな食生活や食文化といった言葉に代表されるように、単に栄養的に最低限摂取すべき量のみを満たすものではない側面がある。食品は需要の所得弾力性に従って、弾力性が負の下級財、1より小さい必需財、1より大きい奢侈財に分類している。そして、食料消費には、所得水準が高いほど所得に占める飲食費の割合（エンゲル係数）が低下する現象であるエンゲル法則が指摘されている。これは、食の必需性を示す典型的な法則である。これは食品需要の所得弾力性が1より小さいという条件が必要となる。

実際、多くの食品は必需財である。しかし、摂取している食品が奢侈財であれば、所得が増加すればエンゲル係数が増加するという、エンゲル法則の逆転現象が生じる可能性がある。すなわち、高所得層が奢侈財を相対的に多く摂取していれば、エンゲル法則が成立しなくなる可能性がある。第9章ではそのような点について分析を試みている。

第9章では、従来の食料消費の研究成果を踏まえて、わが国の食生活の変化と消費者行動について考察し、第1に、現在のわが国は、所得が増大するにつれて、エンゲル係数は高くなっており、日本の家計消費にはエンゲルの法則が必ずしも当てはまらない現象が起きていることを明らかにしている。第2に、年代別の消費の特徴として、34歳〜59歳以下では外食支出は増加するが、60歳以上は調理食品が増加、栄養摂取のアンバランス海外依存度は進展を明らかにしている。第3に、食の外部化は中食が支えており、中でも調理済み冷凍食品の消費が増大することを明らかにしている。

ところで、食料については、食の習慣形成が指摘されてきた。すなわち、幼少期の食料消費のパターンは、成人期以降も継承され、同様の食習慣がみられるというものである。この点は、今後の「食の外部化」のトレンド的な増大を予想させるものであるが、年齢的な効果がどの程度働いてくるかという点からの考察も必要となってくる。一方、果たして、食の習慣は、どのようにして形成されるかの研究は行われていない。もちろん、世帯の所得などの経済的要因が大きいことは言うまでもない。

第10章では、貧困にともなう食の格差に関わる問題を取り扱い、子ども期（過去）の貧困が成人期（現在）の食行動や食にかかわる子どもへの働きかけ（食育）行動に及ぼす影響を定量的に明らかにしている。

分析の結果、成人後の食行動・食育意識が、経済的側面での世代間連鎖以上に子ども期の食経験を通じた経路からより大きな影響を受けていることが明らかとなった。子ども期のショックが成人後の食行動・食卓環境や食育行動に少なからず影響を及ぼすという点には留意が必要である。

第11章では、食の安心安全について扱っている。食に関する情報の非対称

性により生じる逆選択やモラルハザードの問題に対応するために、モニタリング、シグナリング、インセンティブが食の生産から消費に至る過程でどのように機能化、制度化されているのか、それらの成果や問題は何か研究成果を整理している。また、食品情報の不完全性への政府の介入対策（リスク分析の実行や予防原則の適用等）、またその成果と問題についても研究成果を整理し、さらに、食の安全・安心に関わる国内制度の履行分析を行い、その実効性について明らかにしている。

　以上、今日における農や食の変貌を基礎に、食料供給産業の新たな動向を確認できた。これらの中には、市場学会として手薄な領域が多く、今後も重要な研究領域として研究の深化が期待されるところである。

引用文献

福田晋（2013）「6次産業による農業成長産業化は可能か」『農業と経済』79（9），pp.49-58.

中嶋晋作・菊島良介（2021）「食料経済の基礎理論」大浦裕二・佐藤和憲編著『フードビジネス論』ミネルヴァ書房，pp.8-20.

玉木志穂・大浦裕二（2021）「食行動の特徴」大浦裕二・佐藤和憲編著『フードビジネス論』ミネルヴァ書房，pp.33-42.

（福田晋）

第 1 章

6 次産業化の現状と課題

1. はじめに

　6 次産業化とは農林漁業者等が 1 次産業としての農林漁業と 2 次産業としての製造業、3 次産業としての小売業等の事業との総合的かつ一体的な推進を図り、農山漁村の豊かな地域資源を活用した新たな付加価値を生み出す取組のことである。わが国の農林漁業は安価な輸入農林水産物の増加等により、所得の減少や担い手の高齢化・減少が進み、農山漁村は地域経済の衰退や耕作放棄地の増加等さまざまな問題を抱えている。このような状況のもとで、政府は 6 次産業化を推進することにより、農山漁村における農林漁業者の所得向上や雇用の確保を目指している。

　本章では 6 次産業化の系譜と既存研究について整理するとともに、6 次産業化政策の制度的枠組みについて概観する。さらに、6 次産業化に取り組む事業者の実態を統計分析と沖縄県内の事例調査に基づいて明らかにし、今後の課題について考察する。

　なお、6 次産業化と類似した取組として農商工連携があり、それを含めて 6 次産業化ということも多いが、本書では 6 次産業化と農商工連携を明確に分けており、農商工連携については次章を参照していただきたい。

２．6次産業化の系譜と既存研究

（1）6次産業化の系譜と提唱の背景

　6次産業化の系譜をみると、古くから農家は6次産業化の原型といえる多様な農業生産関連事業を副業として営んでいたし、振り売りや朝市、定期市といった形態で消費者への直売を行っていた。

　戦前における昭和恐慌後の農村経済更生運動では「農村工業」として農産加工が奨励され、それは戦後、農協の加工事業として引き継がれた。しかし、高度経済成長期には都市部への人口集中や女性の社会進出等とも相まって大量生産・広域流通システムが伸展し、スーパーマーケットが台頭するとともに、加工食品や外食等の市場が拡大した。このようなフードシステムの変化によって地域自給的な農村工業は衰退した。ところが、低成長期になると、国民の意識や価値観に変化が現れ、政治的にも地域主義に基づく「地方の時代」が叫ばれるようになり、一村一品運動、1.5次産業、地域産業おこしなど地域的な農産加工を支援する政策や運動が広がった（室屋2016）。また、1980年代初めには「農村複合化」が提唱され、農林業を軸としながら農村地域を単位として産業複合体をつくることが目指された。同じく1980年代には農村女性グループによる産直活動や地域農産加工の取組が盛んになり、のちに農村女性起業が注目されるようになった（高橋2019）。さらに、1990年代には常設型の農産物直売所が各地に開設されるようになり、量販店等でのインショップや直売コーナーの設置も進んだ。

　このようななか、1990年代半ばに今村奈良臣東京大学名誉教授によって6次産業化が提唱された。近年の農業は農業生産や原料供給のみを担当させられるようになっているが、食品製造業に取り込まれた2次産業分野、卸・小売業や情報サービス産業、観光業に取り込まれた3次産業分野を農業の分野に取り戻そうではないかと提案したのである（今村1998）。

　この点についてわが国における農業・食料関連産業の国内総生産の推移か

ら確認してみよう。**表1-1**によると、1970年には11.5兆円であった農業・食料関連産業の国内総生産は、その後急速に拡大し、6次産業化が提唱されたのとほぼ同時期の1995年には58.0兆円にのぼった。それに占める産業別の割合をみると、農林漁業は1970年には35.6％と3分の1以上に及んでいたが、その後急速に低下して1995年には14.6％となり、なかでも農業は29.3％から12.3％にまで落ち込んでいる。この間、食品製造業を中心とする関連製造業の占める割合に大きな変動はないが、1970年代から80年代前半には外食産業が急伸し、それ以降は関連流通業が大きな割合を占めるようになっている。1990年代半ば以降、農業・食料関連産業の国内総生産は2010年頃まで漸減傾向で推移し、その後はやや回復して近年では54兆円前後となっているが、依然として農林漁業の割合は低下し続けており、2019年にはわずか10.2％にすぎない状況となっている。このように、食品産業を中心として農業・食料関連産業の国内総生産は1990年代半ばまで著しく上昇し、その後も比較的堅調に推移するなかで、農林漁業は著しくその地位を低下させてきたことがわかる。

表1-1　農業・食料関連産業の国内総生産の推移

（単位：兆円、％）

	年次	1970	1975	1980	1985	1990	1995	2000	2005	2010	2015	2019 （概算）
農業・食料関連産業の国内総生産		11.5	23.6	34.0	42.0	50.5	58.0	56.3	53.6	47.7	53.5	53.8
構成比	計	100.0	100.0	100.0	100.0	100.0	100.0	100.0	100.0	100.0	100.0	100.0
	農林漁業	35.6	32.3	23.9	22.5	19.4	14.6	12.6	11.6	11.4	10.5	10.2
	農業	29.3	26.8	19.1	18.6	16.2	12.3	10.5	9.8	9.6	8.8	8.7
	林業	0.3	0.3	0.3	0.2	0.2	0.2	0.2	0.2	0.2	0.2	0.2
	漁業	6.1	5.2	4.5	3.7	3.0	2.1	1.9	1.6	1.5	1.5	1.3
	関連製造業	24.3	19.6	24.2	24.7	24.4	23.6	26.1	25.3	27.2	26.5	26.4
	食品製造業	23.2	18.0	22.9	23.4	23.3	22.7	25.1	24.4	26.2	25.4	25.5
	資材供給産業	1.1	1.7	1.4	1.4	1.1	0.8	1.0	0.9	1.0	1.1	0.9
	関連投資	3.0	3.5	4.2	3.5	3.5	3.8	3.4	2.4	1.9	1.8	2.3
	関連流通業	26.8	27.1	29.4	28.5	32.4	37.2	38.1	40.4	38.3	41.2	41.7
	外食産業	10.2	17.3	18.3	20.9	20.3	20.9	19.8	20.3	21.2	20.0	19.4
	（参考）食品産業	60.2	62.5	70.6	72.7	76.0	80.8	83.0	85.1	85.7	86.6	86.7

資料：農林水産省「令和元年農業・食料関連産業の経済計算」により作成。
注：食品産業＝食品製造業＋関連流通業＋外食産業

（2）6次産業化に関する既存研究

　6次産業化が提唱されたのは1990年代半ばであるが、その後しばらく6次産業化に関する研究は停滞し、それと類似した概念である農業・農村の多角化や地域内発型アグリビジネス、地域産業複合体、食料産業クラスター、農商工連携などに関する研究とあわせて、現在では6次産業化の1形態とされる直売所、農村女性起業、観光農園や農家レストランなどに関する研究が進められた。ところが、六次産業化・地産地消法（正式名称は地域資源を活用した農林漁業者等による新事業の創出等及び地域の農林水産物の利用促進に関する法律）が2010年12月に制定され、翌2011年3月に全面施行されたことから、それ以降は6次産業化に関する研究成果が急増した。その主要な論考を挙げると次のとおりである。

　まず、6次産業化の政策展開を整理するとともに、全国各地で取り組まれている多様な6次産業化の先進事例や優良事例を分析した髙橋編（2013）や戦後日本の食料・農業・農村編集委員会編（2018）、これらに農商工連携の事例も含めて紹介した室屋（2014）、フードシステムの視点から6次産業化とバリュー・サプライチェーンの構築による産地の販売戦略について分析した斎藤（2012）、経営学の視点から6次産業化の発展可能性について分析・検討した追手門学院大学ベンチャービジネス研究所編（2016）など主に実態分析に基づいて6次産業化の全体像を論じた著作が公刊されている。

　また、条件不利地域を多く抱える高知県を対象として6次産業化や農商工連携の取組を幅広く紹介した関編（2014）、6次産業化の2本柱ともいうべき農産加工と直売所に着目し、長野県を対象として農山村における地域内ネットワークの実態を解明した髙橋（2019）、北海道を対象として6次産業化と物流の視点から地域経済の強靭化に向けた対応策について分析・検討した阿部・相浦ら（2018）、レモンを対象として6次産業化による瀬戸内地域の島おこしの取組を紹介した川久保（2018）、そばを対象としてその生産・流通と6次産業化、農商工連携による地域創生の取組を分析した内藤・坂井編

（2017）など特定の地域や品目を対象とした学術書もみられる。

　次に、学会誌に掲載された論文についてみると、6次産業化の事業に取り組む農業経営体を対象とした事例分析が多い。その代表的な論考として、6次産業化の事業成長や商品開発・販路開拓に関するネットワークの重要性を明らかにした仁平・伊庭（2014）、青木（2017）、総合化事業計画の認定事業者では6次産業化によって売上高は増加するものの、利益率が向上しない場合が多いことに着目し、6次産業化がもたらす収益面その他への影響を明らかにした青山・納口（2017）や利益率が向上しない要因を財務・資金面から明らかにした岩瀬・納口ら（2019）、6次産業化に取り組む農業法人において新入社員が継続的に就業する背景や要因を分析した白坂（2019）、農業生産関連事業を行う事業体の過半を小規模経営が占めることに着目し、小規模経営が取り組む6次産業化のプロセスでの支援制度の活用や事業利用者との関係性について分析した瀬戸川・松村（2019）などがある。

　その一方で、2次データを用いるなどして6次産業化の全体像を捉える研究も進められている。6次産業化政策の制度的枠組みと政策メニューおよび統計資料の分析から6次産業化政策の課題を論じた櫻井（2015）、6次産業化総合調査のデータを用いて地域類型間における6次産業化の展開の差異や傾向を分析した大橋（2015）、「6次産業化の取組事例集」を用いて6次産業化の成功要因を分析した小林（2019）がその代表例である。また、大西（2020）は6次産業化の取組の課題探索や改善策のシミュレーションを可能にする新しい手法を紹介し、その有用性を検討している。

　以上のように、6次産業化に関する研究は、優良事例や先進事例の実態分析を中心として精力的に進められ、多くの学術書が公刊されている。しかし、農業経済学分野の学術論文についてみると、報告論文が多く、本格的な研究成果はそれほど多いとはいえない。とくに財務状況など経営分析に関する研究はきわめて少ないのが現状である。また、6次産業化に取り組む事業者の規模階層別・事業内容別・類型別等の特徴や課題あるいは政策評価などに関する2次データを用いた実証分析なども限られている[1]。今後さらなる研究

の蓄積が期待されるところである。

3．六次産業化・地産地消法と6次産業化の推進に関する支援策

（1）六次産業化・地産地消法の概要

　六次産業化・地産地消法は6次産業化と地産地消の取組を促進させる施策を総合的に推進することにより、農林漁業等の振興、農山漁村等の活性化および消費者の利益の増進を図ることなどを目的としている。同法では6次産業化の支援施策である「総合化事業計画」と「研究開発・成果利用事業計画」の二つの計画のほか、計画における特例措置等についても規定している。

　上記のうち6次産業化に直接関わるのは総合化事業計画であり、これは農林漁業者等が農林水産物等の生産およびその加工・販売を一体的に行う事業計画である。国から6次産業化の支援を受けるためには農林水産大臣より総合化事業計画の認定を受ける必要があり、そのためには**表1-2**に示す要件をすべて満たすことが求められる。

　総合化事業計画が認定されると、無利子融資資金（改良資金）の償還期限・据置期間の延長、直売施設等を建築する際の農地転用等の手続きや市街化調

表1-2　六次産業化・地産地消法に基づく総合化事業計画の認定要件

事業主体	農林漁業者およびその組織する団体（これらの者が主たる構成員または出資者となっている法人を含む）であること（ただし、事業主体の取組を支援する者を促進事業者として計画に位置づけることが可能）
事業内容	次のいずれかの事業を行うこと ①農林漁業者自らまたは構成員等が生産した農林水産物等を不可欠な原材料とする新商品の開発、生産または需要の開拓 ②農林漁業者自らまたは構成員等が生産した農林水産物等について実施する新たな販売方法の導入・改善 ③上記①②を行うために必要な生産方式等の導入・改善
経営改善	次の2つの指標がいずれも満たされていること ①農林水産物等および新商品の売上高が5年間で5％以上増加すること ②農林漁業および関連事業の所得が事業開始時から終了時までに向上し、終了年度は黒字となること
計画期間	5年以内（3～5年が望ましい）

資料：農林水産省「総合化事業計画の認定要件」等により作成。

整区域内で施設整備を行う場合の審査手続きの簡素化など各種法律の特例措置のほか、次のような支援を受けることができる。

（2）6次産業化の推進に関する支援策

国による6次産業化の支援策として、6次産業化プランナーの派遣、食料産業・6次産業化交付金等による補助などが実施されている[2]。

各都道府県に設置された6次産業化サポートセンターは6次産業化に取り組む農林漁業者等の相談内容に的確に対応できる6次産業化プランナーを派遣し、課題解決に向けてサポートを行うだけでなく、総合化事業計画の作成に対する支援なども行っている。また、現在では東京に6次産業化中央サポートセンターが設置されており、都道府県段階では不足している専門分野を6次産業化中央プランナーがカバーするとともに、経営やサプライチェーン全体を見渡せる6次産業化エグゼクティブプランナーを選定・派遣し、支援を受けた事業者を地域の優良事業者に育成する取組を行っている。

食料産業・6次産業化交付金等による補助としては、新商品の開発や販路開拓等に対するソフト面の補助、新たな加工・販売等へ取り組む場合に必要な施設整備に対するハード面の補助を実施している。

4. 6次産業化事業の取組状況

（1）農漁業生産関連事業の実施状況

農林水産省「6次産業化総合調査」によると、農業生産関連事業と漁業生産関連事業の販売額は六次産業化・地産地消法が施行された2011年度からともに堅調に推移してきたが、後者については2015年度以降、前者については2017年度以降、横ばいとなっている。2019年度における両者をあわせた農漁業生産関連事業の年間総販売額は2兆3,074億円、事業体数は6万7,680、従事者数は46.7万人であり、そのうち農業生産関連事業がいずれも9割以上と大半を占めている。**表1-3**は2019年度における農業生産関連事業の実施状況

表 1-3　2019 年度における農業生産関連事業の年間販売額および事業体数

(単位：百万円、事業体、百万円/事業体)

		計	農産加工	農産物直売所	観光農園	農家民宿	農家レストラン
販売額	計	2,077,254	946,841	1,053,366	35,943	5,409	35,696
	農業経営体	610,834	366,937	175,413	35,943	5,409	27,132
	農協等	1,466,421	579,904	877,953	−	−	8,564
事業体数	計	64,070	32,400	23,660	5,290	1,360	1,360
	農業経営体	52,060	30,640	13,520	5,290	1,360	1,250
	農協等	12,020	1,770	10,140	−	−	110
1事業体当たり販売額	計	32.4	29.2	44.5	6.8	4.0	26.2
	農業経営体	11.7	12.0	13.0	6.8	4.0	21.7
	農協等	122.0	327.6	86.6	−	−	76.5

資料：農林水産省「令和元年度 6 次産業化総合調査」により作成。

について示したものであるが、業態別では農産物直売所が 1 兆534億円（50.7％）、農産加工が9,468億円（45.6％）とこの 2 業態で全体の 9 割超を占めており、観光農園（1.7％）、農家レストラン（1.7％）、農家民宿（0.3％）といったサービス部門は非常に限られている。また、事業体数では農業経営体が 8 割以上を占めており、農協等の割合は 2 割以下にすぎず、しかもその大半を農産物直売所が占めている。しかし、販売額では農協等が 7 割を占めており、なかでも農産物直売所では 8 割以上に達している。さらに、 1 事業体当たりの販売額をみると、農業経営体では総じて小さいのに対して、農協等では比較的大きく、とくに農産加工は3.3億円に及んでいる。

（2）総合化事業計画の認定状況

農林水産省「認定事業計画の累計概要」によると、総合化事業計画の認定件数は2021年 7 月現在、2,596件となっている。そのうち農畜産物関係が2,299件（88.6％）と大半を占めており、林産物関係と水産物関係はそれぞれ104件（4.0％）、193件（7.4％）にとどまっている。対象農林水産物別にみると、野菜が31.3％、果樹が18.6％と青果物の割合が高く、以下、畜産物12.6％、米11.8％、水産物5.6％、豆類4.4％、林産物3.8％と続いている。事業内容別にみると、加工・直売（68.8％）が 7 割近くを占めており、これに加工（18.2％）を加えると87％に及ぶ。さらに、加工・直売・レストラン（7.1％）、加工・

直売・輸出（2.2％）を含め、加工が組み込まれた計画が全体の96.3％に達する。それら以外は直売2.9％、輸出0.4％、レストラン0.4％にすぎない。

　さらに、農林水産省「認定総合化事業計画一覧」から認定を受けた事業体数を年度別にみると、年々減少する傾向にある。また、事業体の組織形態をみると、農事組合法人を含めて法人組織が多く、個人経営体も少なくないが、農協組織（JA女性部を含む）は70件（2.7％）、漁協組織（漁業生産組合を含む）は26件（1.0％）、森林組合は２件（0.1％）ときわめて少ない[3]。また、共同申請者（農林漁業者等）をともなう計画はわずか30件（1.2％）にすぎず、促進事業者（非農林漁業者等）をともなう計画も127件（4.9％）にとどまっている。地域社会への波及効果を拡大するには、農協をはじめとする協同組合の取組とあわせて、櫻井（2015）や室屋（2013）が指摘するように、複数の事業体と連携した取組が増えることが必要であろう。

５．６次産業化に取り組む事業者の実態と課題

　ここでは総務省行政評価局（2019）に記載された総合化事業計画の認定事業者（以下、「認定事業者」、有効回答数324）および６次産業化の事業を行っているものの、総合化事業計画や農商工等連携事業計画の認定を受けていない事業者（以下、「非認定事業者」、同2,661）に対するアンケート調査結果より６次産業化に取り組む事業者の実態についてみていくことにしたい。

　表1-4は６次産業化事業の開始時期について示したものであるが、非認定事業者では「30年以上前」など早くから６次産業化に取り組む事業者が多いのに対して、認定事業者では「５～９年前」が27％に及ぶなど近年になって取り組み始めた事業者が多いことを特徴としており、制度の創設が６次産業化の取組を後押ししていることが示唆される。

　表1-5より最近５年間における６次産業化事業の売上高の傾向をみると、「増加した」事業者は認定事業者では６割を超えているものの、非認定事業者では４分の１にとどまっている。事業規模別では大規模層ほどその割合が

表1-4　6次産業化事業の開始時期

(単位：事業体、%)

		計	30年以上前	25～29年前	20～24年前	15～19年前	10～14年前	5～9年前	1～4年前
実数	認定事業者	305	37	14	29	41	55	83	46
	非認定事業者	2,354	683	219	287	310	391	337	127
	計	2,659	720	233	316	351	446	420	173
構成比	認定事業者	100.0	12.1	4.6	9.5	13.4	18.0	27.2	15.1
	非認定事業者	100.0	29.0	9.3	12.2	13.2	16.6	14.3	5.4
	計	100.0	27.1	8.8	11.9	13.2	16.8	15.8	6.5

資料：総務省行政評価局（2019）により作成。

表1-5　6次産業化事業の認定の有無別・事業規模別にみた取組事業者の状況

(単位：事業体、%)

			総数	認定の有無別		事業規模別				
				認定事業者	非認定事業者	100万円未満	100～500万円	500～1千万円	1千～5千万円	5千万円以上
	実数		2,801	317	2,484	1,124	978	284	316	99
構成比		計	100.0	100.0	100.0	100.0	100.0	100.0	100.0	100.0
	最近5年間における6次産業化事業の売上高	増加した	29.3	62.1	25.1	16.5	31.2	35.6	52.8	63.6
		大きく増加	3.0	12.0	1.8	0.3	2.2	4.2	7.6	22.2
		やや増加	26.3	50.2	23.3	16.2	28.9	31.3	45.3	41.4
		あまり変わらない	44.5	29.0	46.5	51.2	43.9	43.0	31.0	22.2
		減少した	24.0	8.5	25.9	29.0	22.9	20.1	15.8	14.1
		やや減少	17.1	6.9	18.4	18.5	17.7	16.2	13.0	12.1
		大きく減少	6.8	1.6	7.5	10.5	5.2	3.9	2.8	2.0
		無回答	2.2	0.3	2.5	3.4	2.0	1.4	0.3	0.0
	最近5年間における6次産業化事業の利益	毎年利益が出ている	11.4	12.6	11.2	6.2	12.2	16.5	20.3	19.2
		概ね毎年利益が出ている	46.2	47.0	46.1	38.6	52.6	47.2	47.8	62.6
		利益が出ない年の方が多い	28.2	26.2	28.5	32.2	27.2	27.1	23.1	13.1
		まだ利益が出た年はない	9.2	13.2	8.7	16.1	4.2	4.9	5.7	4.0
		無回答	4.9	0.9	5.4	6.9	3.9	4.2	3.2	1.0
	経営全体の利益の変化（事業開始時の想定との比較）	増加した	47.0	70.3	44.0	30.0	51.9	58.1	70.9	82.8
		想定より多い	15.0	18.9	14.5	6.7	15.2	21.5	28.8	43.4
		想定と同程度	14.6	20.8	13.8	9.9	17.0	17.3	20.9	17.2
		想定より少ない	11.2	25.2	9.5	8.5	11.7	13.7	16.1	15.2
		その他	6.2	5.4	6.3	4.9	8.1	5.6	5.1	7.1
		あまり変わらない	31.5	21.8	32.8	42.7	28.9	22.2	14.6	11.1
		減少した	14.8	5.0	16.1	19.0	14.1	13.4	7.3	3.0
		その他	3.9	2.5	4.1	4.6	2.8	4.9	4.4	2.0
		無回答	2.8	0.3	3.1	3.7	2.2	1.4	2.8	1.0

資料：総務省行政評価局（2019）により作成。

高く、1千万円以上の2階層では半数以上に及んでいるのに対して、100万円未満層では17%にすぎない。また、最近5年間における6次産業化事業の利益の傾向についてみると、「毎年利益が出ている」は両者とも1割強にすぎないが、「概ね毎年利益が出ている」はともに半数近くを占めており、これら利益の出ている事業者の割合は事業規模が大きくなるほど高くなっている。しかしその一方で、「利益が出ない年の方が多い」がともに3割近くあり、「利益が出た年はない」も1割前後みられ、これら利益の出ていない事業者が100万円未満層では半数近くに及んでいる。さらに、経営全体の利益の変化についてみると、事業開始時に比べて「増加した」が認定事業者では7割、非認定事業者でも4割以上となっており、事業規模が大きくなるほど高い傾向がみられ、5千万円以上層では8割に達する。しかしその一方で、「あまり変わらない」が認定事業者では2割強、非認定事業者では3割強あり、100万円未満層では4割を超えているだけでなく、「減少した」も認定事業者では5%、非認定事業者では16%みられる点は看過できない。

　なお、計画期間を終了した認定事業者（78事業者）について総合化事業計画の目標達成状況をみると、売上高と所得について「目標が達成できている」事業者の割合はそれぞれ37.2%、30.8%にとどまっており、「達成できていない」事業者がそれぞれ46.2%、50.0%に及んでいる[4]。

　また、**図1-1**に基づいて6次産業化事業による売上高・利益以外のメリットをみると、認定事業者の方が非認定事業者よりも総じて指摘割合が高いが、いずれも「農業のやりがいが向上した」「地域の活性化に貢献することができた」など多くのメリットを感じていることがわかる。

　一方、**図1-2**は6次産業化事業の開始後に直面した課題の内容についてみたものであり、これについても認定事業者の方が非認定事業者よりも指摘割合が総じて高いが、認定事業者、非認定事業者ともに「販路の開拓・集客」の指摘割合が最も高く、前者では約半数に達しており、後者でも4分の1に及んでいる。また、認定事業者では「商品・サービスの企画・開発」の指摘割合が3割を超えている。さらに、「労働力の確保」や「技術・ノウハウの

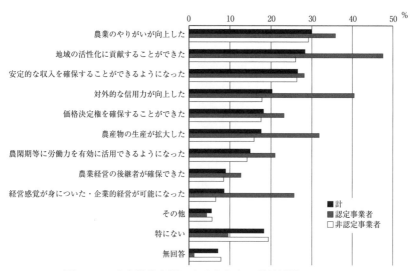

図1-1　6次産業化事業による売上高・利益以外のメリット

資料：総務省行政評価局（2019）により作成。

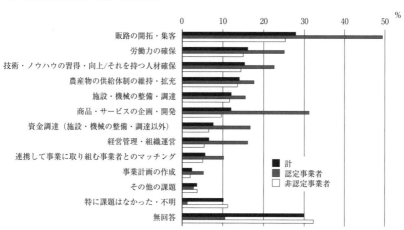

図1-2　6次産業化事業の開始後に直面した課題の内容

資料：総務省行政評価局（2019）により作成。

習得・向上／技術・ノウハウを持った人材の確保」「農産物の供給体制の維持・拡充」「施設・機械の整備・調達」等も両者に共通した課題となっている。

　これらのことから、6次産業化に取り組むことによって売上が向上し、利益が出ている事業者が多いものの、事業規模が小さい事業者を中心として販路の開拓・集客等に課題を抱え、思うように売上が伸びず、十分に利益が確保できていない事業者が少なくないことが示唆される。

　また、認定事業者では近年になって6次産業化事業に取り組んだ事業者が多く、最近5年間における6次産業化事業の売上高や事業開始時の想定と比較して経営全体の利益が増加している事業者が多数を占めており、さらに売上高・利益以外にも多くのメリットを感じている事業者も多いことから、一定の政策効果がみてとれる。ただし、総合化事業計画の目標を達成できていない事業者もかなりみられ、販路の開拓・集客や商品・サービスの企画・開発などに関する支援を充実させる必要があると考えられる。

6．沖縄県における6次産業化の取組事例

　沖縄県内では消費者への直売等を行う農業経営体は少ないものの、農産加工やサービス分野に進出し、6次産業化の事業に成功している事例が多い。ここでは、家族経営を出発点とし、6次産業化の事業に成功している次の二つの事例についてみていくことにしたい。一つは、認定総合化事業計画の7割近くを占める加工・直売を主とする農業生産法人有限会社伊盛牧場（以下、「伊盛牧場」とする）である。もう一つは、現状では取組が少ないものの、今後の展開が期待される農家レストランを中心として加工・直売にも取り組む農業生産法人有限会社楽園の果実（以下、「楽園の果実」とする）である。

（1）伊盛牧場の事例

　石垣島にある伊盛牧場は1993年に設立された。法人化前の1990年から酪農経営を営んでいたが、2010年に自己資金と借入金あわせて5千万円を投じ、

建物とイタリア製のジェラート製造用機器等を購入してジェラートやハンバーガーなどを製造・販売する直営店舗を開店した。2012年には総合化事業計画の認定を受け、2013年には新石垣空港の開港に合せて同空港内に石垣空港店を開店し、さらに2017年には加工施設を増設してジェラート製造用機器、瞬間冷凍機器を新たに整備している。

　2021年5月現在、畜舎1,900㎡で経産牛60頭、育成牛20頭を飼養しており、生乳生産量は約450ｔ（1頭当たり約7,500ℓ）である。濃厚飼料は購入しているが、粗飼料はすべて自給しており、乳牛についても当初は北海道から初妊牛を導入していたが、現在では後継牛をすべて自家育成している。2019年における売上高は約2.5億円にのぼり、うち地元の乳業メーカーに販売する生乳が約5千万円、加工品が約2億円であった。

　自社生産の生乳を使用したジェラートは30種類以上を数えるが、これらはすべて無添加・無着色であり、マンゴー等の熱帯果樹や紅芋、塩黒糖など地域の素材を活かした商品となっている。原料の青果物は地元の10戸ほどの農家から仕入れており、規格外品を全量買い取っている。このように、主原料である生乳を自社で生産し、地元の園芸農家等と連携することによって地場産にこだわった魅力的な多品目の商品を製造・販売することに成功しているのである。

　ジェラートは直営店のほか、島内のホテルや土産物店、農産物直売所、通信販売などでも販売しているが、直営店では廃牛（淘汰牛）を使用したハンバーガー、牛丼、ビーフカレー、タコライス等も人気商品となっている。廃牛を原料として使用することによってその処理費用を削減できるだけでなく、乳量の減少した牛を淘汰することによって牛群更新の効率化にもつながっている点は注目に値する（石丸・和田2015）。

　加工製造部門の売上高は2012年には2,600万円弱であったが、2014年に1億円の大台を突破し、2019年には約2億円に達した。また、同年の直営店への来客数は約30万人に及んだ。2020年には新型コロナウイルス禍により来客数が落ち込み、加工品の売上高も大幅に減少したが、今後はこの間に開発

した新商品の販売に着手するとともに、口コミなどによって伸びてきた加工品の通信販売に力を入れ、売上の回復を図ることにしている[5]。

（2）楽園の果実の事例

　楽園の果実は宮古島と来間大橋で結ばれた来間島に2002年に設立された。同法人は全国的にもめずらしい有機栽培のマンゴーをはじめとする農産物の生産、加工、販売のほか、農家レストランを営んでおり、従業員数は16名程度（レストラン部門9名、農場部門2名、加工部門3名、流通部門2名）に及ぶ。農場部門の経営面積は約4 haであり、マンゴーをはじめとする熱帯果樹のほか、野菜や地域特産物など多品目多品種を有機栽培によって生産している。加工部門では農場部門で生産した青果物や宮古群島内の農業者等から調達した原料を主に使用してジャム、ゼリー、パウンドケーキ、カット野菜やボイル野菜を自社で製造しているが、宮古諸島の天然素材を使用した石鹸については化粧品等を製造・販売する業者に製造委託している。これらの販売については流通部門が担当しており、宮古島市内のホテル・土産物店への卸売や通信販売のほか、農家レストランに併設された「おみやげ館」でも販売しており、2019年における農産物と加工品の販売額はそれぞれ約1,800万円、約1,000万円であった。

　農家レストラン等の施設は農家グループ内で農産物の加工所や販売所がほしいという意見が出され、補助金の申請をしたところ採択されたことから、6～7千万円の資金を投じて2003年に開業した。客席数は60席、駐車場は8台となっており、主な集客方法は情報誌と口コミであるが、2019年の集客数は年間3万人、売上は約4,000万円に及んだ。

　2020年4月以降には新型コロナウイルス禍により観光客が激減したが、マンゴーを主とする青果物の販売については大半が通信販売であることから、その影響はほとんどなかった。一方、レストラン部門と市内のホテルや土産物店への卸売を主とする加工品の販売は大幅に減少した。このような状況のもとで、既存の加工施設を生かし、学校給食用として葉ネギやカボチャ等を

一次加工したカット野菜やボイル野菜の販売を増やした。

　同法人はこれまで県外への販売や観光客頼みの6次産業化を進めてきたが、今後は学校給食や病院、介護施設向けにカット野菜やボイル野菜を供給するなど地産地消を目指した6次産業化への転換を図る必要があると考えており、市役所をはじめとする関係機関との連携を深めている点は注目される[6)]。

7．おわりに

　六次産業化・地産地消法が施行された2011年度以降、農業生産関連事業の販売額は農産物直売所と農産加工を中心として堅調に推移し、総合化事業計画の認定件数も増加してきた。総合化事業計画が認定されると、各種法律の特例措置のほか、6次産業化プランナーの派遣や交付金等による補助を受けられることから、自家生産や地域特産の農林水産物を使用した特徴のある商品を開発・販売できたり、自然景観に恵まれた農山漁村のよさを活かしたサービスを提供できたりするという6次産業化の強みを生かし、多くの事業者が売上や利益を伸ばしている。

　しかし、近年では農業生産関連事業の販売額は頭打ちとなっており、総合化事業計画の認定件数も年々少なくなっている。しかも、事業規模が小さい事業者を中心に売上が伸びず、利益も出ていない事業者がかなり存在しており、総合化事業計画の認定事業者の多くがその目標を達成できていないのもまた事実である。

　加工業や流通・サービス業のプロではない農林漁業者が販路を開拓したり、集客を図ったりすることは容易ではない。また、6次産業化の事業として加工施設や直売施設、レストラン等を整備するためには多額の設備投資が必要であり、補助金や融資サービスを受けることができたとしても短期間でその資金を回収することは困難である。さらに、過疎化や高齢化が進んだ農山漁村では労働力の確保が難しく、農林水産物の生産には季節性があることから、施設の稼働率をある程度確保して生産性を高めたり、商品の品質を一定に保

持したりすることも容易ではない。6次産業化に取り組む事業者はこれらを計画段階からしっかりと認識したうえで、6次産業化サポートセンターをはじめとする行政機関等の支援を有効に活用するなどして実現可能な目標を立て、修正を加えながら着実に実行していくことが不可欠であるが、その際には次のような視点が重要であろう。

　第1の視点は、6次産業化といえども個別の農業経営体のみで完結する事業には限界があるため、外部委託や事業連携など他の事業者との連携を模索することである。伊盛牧場では主原料である生乳については自社生産で賄いつつ、地元の農業者等と連携することによって多様な地元産の原材料を調達し、ジェラートのラインナップを充実させ、人気を博していた。また、楽園の果実では主に宮古群島内の農業者と連携して食材を調達するだけでなく、特別な機器やノウハウが必要な石鹸の製造については外部委託することによって投資を抑えながら、高品質な商品の製造・販売を実現していた。多様な経営資源を有する地域内の他の農業者や企業、関係機関等と連携して魅力的な商品・サービスの開発や販路・集客の確保を図っていくことが重要であるといえよう。

　第2の視点は、今般の新型コロナウイルス禍を考慮すると、リスク分散の観点から6次産業化の市場や顧客をどのように考えるかということである。沖縄に限らず、6次産業化に取り組む事業者の多くは農山漁村内の直営店舗や近隣の農産物直売所、土産物店、宿泊施設等での販売または農山漁村内でのサービス提供が主流であると考えられる。しかし、わが国では地震や台風等の自然災害が多く、しかも近年では地球温暖化の影響とみられる大規模な豪雨災害等が頻発している。さらに、新型インフルエンザやSARS、MERSのような動物起源の感染症も増えている。今後もこのような自然災害や感染症の流行が懸念される状況のもとで、観光客等の旅行者を対象とした販路に多くを依存していては、いつ経営危機に見舞われるかわからない。そのため、地元の消費者や実需者向けの商品・サービスの提供を重視することやインターネット等を活用した通信販売にも力を入れるなど多様な販路を保持し、リ

スク分散を図ることが重要であると考えられる。

　ところで、室屋（2013）は6次産業化による農業の成長産業化を考える場合、「産業型」と「コミュニティ型」に大きく分けて考える必要があるが、もっぱら産業型の有用性が喧伝されていることを憂慮し、長期的視点からコミュニティ型を推進していくことが日本農業のより大きな発展性につながると指摘している。農村地域における過疎化・高齢化のさらなる進展が懸念される状況のもとで、地域の食文化や歴史的な景観、環境や生態系を守るためにはコミュニティを重視した6次産業化の取組を推進していくこともきわめて重要であると考えられる。

注
1）6次産業化の政策評価に関する文献として、総務省（2019）や上原（2019）などがある。
2）これらの他に、農林漁業成長産業化支援機構（A-FIVE）による支援が行われてきた。A-FIVEは株式会社農林漁業成長産業化支援機構法に基づき、2013年に設立された官民ファンドである。総合化事業計画の認定を受けた事業者に対し、直接出資やA-FIVEが地域金融機関等とともに設立したサブファンドを通じた間接出資等の出資・融資および経営支援を実施してきた。しかし、設立以来、赤字が続いたことなどから、2025年度中を目途に出資回収を終了し、その後解散する予定となり、2021年度以降、新規の出資決定を行わないこととしている。
3）農協の総合化事業計画の認定数が少ない要因として、室屋（2013）は組合員間の合意形成、広域合併、事業エリアと行政エリアの乖離、既存加工事業の伸び悩みを挙げている。
4）農林水産省食料産業局産業連携課（2018）においても総合化事業計画の認定事業者（1,556事業者）のうち、「計画以上または概ね事業計画どおりに事業を実施中」の事業者の割合は30.3％にとどまっている。
5）参考文献によるところ以外は2021年5月に実施したヒアリング調査による。
6）2021年5月に実施したヒアリング調査による。

引用・参考文献
阿部秀明・相浦宣徳・船橋利実・阿部圭馬（2018）『地域経済強靭化に向けた課題と戦略—北海道の6次産業化の推進と物流の課題の視点から—』共同文化社.
青木美紗（2017）「6次産業の商品開発と販路開拓に関する一考察—古座川ゆず平

　井の里と西日本産直協議会の関係性に着目して―」『農林業問題研究』53（2），
　pp.49-59.

青山浩子・納口るり子（2017）「6次産業化が農業経営体の収益性に与える影響と
　経営者による評価―ジェラートショップを経営するA牧場の事例から―」『農業
　経済研究』88（4），pp.394-399.

今村奈良臣（1998）「新たな価値を呼ぶ，農業の6次産業化」21世紀村づくり塾地
　域活性化教育指導推進部編『地域に活力を生む，農業の6次産業化―パワーア
　ップする農業・農村―』21世紀村づくり塾，pp.1-28.

石丸雄一郎・和田綾子（2015）「沖縄県の酪農事情―飼料価格高騰下における所得
　向上の取組～」『畜産の情報』2015年8月号，pp.49-62.

岩瀬名央・納口るり子・大室健治・松本浩一・森佳子（2019）「6次産業化に取り
　組む農業法人の財務・資金管理に関する研究」『農業経営研究』57（3），pp.59-
　64.

川久保篤志（2018）『瀬戸内レモン～ブームの到来と六次産業化・島おこし～』渓
　水社.

小林哲（2019）「2次データを用いた6次産業化の成果規定因に関する探索的考察」
　『マーケティングジャーナル』39（1），pp.43-60.

室屋有宏（2013）「6次産業化の現状と課題―地域全体の活性化につながる「地域
　の6次化」の必要性―」『農林金融』66（5），pp.2-21.

室屋有宏（2014）『地域からの六次産業化～つながりが創る食と農の地域保障～』
　創森社.

室屋有宏（2016）「農協と6次産業化―歴史と展望―」『農林金融』69（2），pp.2-
　16.

内藤重之・坂井教郎編（2017）『そばによる地域創生　そばの生産・流通と6次産
　業化・農商工連携』筑波書房.

仁平章子・伊庭治彦（2014）「女性農業者の六次産業への取り組みに関する一考察」
　『農林業問題研究』50（3），pp.217-222.

農林水産省食料産業局産業連携課（2018）「六次産業化・地産地消法に基づく認定
　事業者に対するフォローアップ調査結果（平成29年度）」.

大橋めぐみ（2015）「6次産業化の展開の地域性―6次産業化総合調査の組替集計
　による分析―」『農業経済研究』87（2），pp.168-173.

大西千絵（2020）「6次産業化シミュレーター LASTSを用いた6次産業化の課題
　の解明―フランス・モール山塊の栗とモンフュロンの小麦を用いた6次産業化
　を事例として―」『農業経済研究』92（1），pp.82-87.

追手門学院大学ベンチャービジネス研究所編（2016）『人としくみの農業―地域を
　ひとから人へ手渡す六次産業化』追手門学院大学出版会.

斎藤修（2012）『地域再生とフードシステム―6次産業，直売所，チェーン構築に

よる革新─』農林統計出版.

櫻井清一（2015）「6次産業化政策の課題」『フードシステム研究』22（1），pp.25-
　31.

総務省（2019）『農林漁業の6次産業化の推進に関する政策評価書』.

総務省行政評価局（2019）『「農業の6次産業化の取組に関するアンケート調査」
　結果報告書』.

関満博編（2014）『6次産業化と中山間地域　日本の未来を先取る高知地域産業の
　挑戦』新評論.

戦後日本の食料・農業・農村編集委員会編（2018）『食料・農業・農村の六次産業化』
　農林統計協会.

瀬戸川正章・松村一善（2019）「小規模経営の6次産業への取り組みに関する考察
　─観光農園利用者との関係性に着目して─」『農林業問題研究』55（3），pp.182-
　188.

白坂典枝（2019）「6次産業化法人における後継者の確保と継続就業─経営プロセ
　スと経営者の意思決定に着目して─」『農業経営研究』56（4），pp.23-28.

髙橋みずき（2019）『6次産業化による農山村の地域振興─長野県下の事例にみる
　地域内ネットワークの展開─』農林統計出版.

髙橋信正編（2013）『「農」の付加価値を高める六次産業化の実践』筑波書房.

上原啓一（2019）「農林漁業の6次産業化に関する政策の現状と課題─農林漁業の
　6次産業化の推進に関する政策評価を踏まえて─」『立法と調査』416，pp.108-
　119.

（内藤重之）

第2章

農商工連携の現段階と今後の展開方向

1．はじめに

　農商工連携は、「中小企業者と農林漁業者との連携による事業活動の促進に関する法律」（以下、「農商工連携法」）において、「中小企業の経営の向上及び農林漁業経営の改善を図るため、中小企業者と農林漁業者とが有機的に連携して実施する事業であって、当該中小企業者及び当該農林漁業者のそれぞれの経営資源を有効に活用して、新商品の開発、生産若しくは需要の開拓又は新役務の開発、提供若しくは需要の開拓を行うもの」と定義されている。農山漁村における地域経済の衰退が顕著になるなか、農商工連携が推進されており、地域の基幹産業である農林水産業と商工業の連携を強め相乗効果を発揮することで、地域活性化が実現すると期待されている。

　本章では、農商工連携の系譜と政策展開について整理するとともに、農商工連携事業の取組実態を明らかにし、今後の展開方向について考察する。

　なお、農商工連携と6次産業化は「衰退する農山漁村の活性化」を目的としている点は共通しているが、農商工連携は「農山漁村の多角化」、「各主体の連携やネットワーク」に主眼が置かれていることを確認しておきたい。

2．農商工連携の系譜と既存研究

（1）農商工連携の発現前史

　農商工連携が注目される背景をみると、農業サイドでは、農産物の価格低迷に伴い、商品やサービスの付加価値向上と単価向上への期待が高まったこと、商工業サイドでは、原材料としての農産物の量的および質的確保（安全性）への期待から農林漁業との連携が模索されたことなどが考えられる。そして、詳細は後述するが、農山漁村における地域経済の活性化を目的に農林水産業者と中小企業者が連携する事業を農水省と経産省が横断的に支援するという政策展開をみせる。

　実は、農業と商工業を含む異分野の連携を視野に入れた地域活性化論やその実践は農商工連携が提唱される以前から存在しており、一定の研究蓄積なども存在することから、簡単にキーワードで確認しておきたい。

　まずは、農協加工による「農業複合化」である。6次産業化の系譜でも述べられているが、戦後、都市と農村の経済格差や資源配分の不均衡が拡大するなかで、1980年代には、農協が主体となった地域農業振興や農協運動の一環として、農産加工が推奨され、（「農協加工」）、これらは「農業複合化」または「1.5次産業」と呼ばれた（竹中1985）。

　これらの動きは、あくまでも農業と農産加工の結合にとどまる概念であるとされ、地域に根差した諸産業の複合的結合関係の構築の概念を取り入れた「地域複合化（＝農村複合化）」が提唱された。坂本・祖田ら（1983、1986）は、「農村地域におけるもともと異なった構成原理と存在理由をもつ技術・経済・社会・行政にかかわる諸集団または諸組織が、地域資源の新結合の遂行によって地域目標を実現するために、相互に協同のネットワークを複合的、重層的に形成している動態的なシステム」を「地域複合体」と定義するとともに、この経済的側面を表現するものを「地域産業複合体」と捉えている。

　そして、農・工・商という異業種の結合を意識した「地域経済複合化」の

登場である。竹中ら（1995）は「地域農業を主軸とし食品加工産業（工業）や流通業（商業）、そして観光産業などを含め、地域を一つの経済単位としてトータル経営を形成するため、地域内の農業、工業、商業が連合または結合し互いに有機的な循環をとおしてメリットを追求していく組織体」、または「農村の地域資源の利活用をもとに農業を基軸にすえ農協加工や食品加工、流通や観光なども取り込みながら、生活文化まで含めた一つの循環的な経済組織体」を「地域経済複合化」と定義している。また、岡田（1996）は、農業・農産物加工・農産物直売・観光が一体となった取組を「農村地域産業複合体」と捉えている。

　これらの議論を踏まえ、橋本ら（2005）は、「農業を基盤に、それが産出した農産物の加工業、その製品の販売に関わる卸・小売業、さらには農業のもつ多面的な機能を活かした観光・サービス業、農業や農産物加工用諸資材の生産・販売業等が同一地域に立地し、経済関係をベースに相互に連携・結合する状態」を「農業を基軸とした地域産業複合体」と定義し、内発的発展を基礎とした農山漁村の活性化には必要不可欠であるとしている。

　一方で、2000年以降、複数の省庁が産業クラスター論を視野に入れた事業を展開した。ポーターの提唱する「産業クラスター」は、地域内（かなり広域）で原料・製品・サービスが重層的かつ有機的に供給され、価値連鎖が形成されることを目指している。経済産業省は産業クラスター計画（2001年）、文部科学省は知的クラスター事業（2002年）、農林水産省は食料産業クラスター（2005年）をスタートさせ、地域に対し集中的に支援を行った。

（2）農商工連携に関する既存研究

　農商工連携に関する研究は、農商工連携法（2008年）の施行直後から現在まで多くの蓄積がある。2000年以降、とくに、斎藤は「食品産業と農業の連携条件」（2001）や「農商工連携の戦略」（2011）など多くの著書とともに研究業績を有している[1]。同氏は、農商工連携を農業と食品関連産業の間の連携を含む広い意味で定義して、初期段階では生産者の個別視点の強い「6次

産業化」と地域的な集積と広がりを持つ「食品産業クラスター」を対照的に
位置づけている。

　その概念においては、前述の竹中ら（1995）は、地域複合経済化を農業と
多様な経済主体間での提携・ネットワーク化を通じた地域視点の重要性を提
起している。また、斉藤（2001、2007）は主体間関係論から統合や提携とい
った展開を産業組織論として整理をしている。そして、関（2009）は地域産
業振興の側面から、中小企業と農業者との連携による新商品開発・販売とと
もに、直売所や農村レストランなどに注目し、農産加工の視点から、その形
態を整理し、農商工連携の枠組を捉え直すべきであるとしている。

　組織形態については、門間（2009）は農商工連携の「中心組織」によって
取組がかなり異なる点を指摘するとともに、農商工以外にも市町村、消費者
団体、研究機関と多様な主体が関与している点を述べている。そして、具体
的な事例をもとに発展プロセスを整理し、展開プロセスおよび課題を指摘し
ている。加えて、地域活性化の条件として、以下の点をあげている。理念を
共有できる主体の重要性、地域内雇用の拡大とそのための体制整備、生産物
の品質・安全性確保、生産量の安定確保、地域社会との共生という意識づけ、
補助金の利活用である[2]。また、堀田（2009）は、食品産業と農業のミスマ
ッチの存在が農商工連携の推進に大きな阻害要因としているため、「農商工
連携88選」が産業クラスター形成と結びついていない点を指摘している[3]。
ここでは、農商工連携を初期的なモデルとして据え、今後は共創的連携＝食
料産業クラスターを作り上げていくべきであると提起している。

　さらに、農商工連携における支援的組織として、直接関連する経済主体間
以外の組織体の関与の重要性も指摘されている。櫻井（2010）は「農商工連
携ブーム」とも思われる状況のもと、88選を取り上げ、連携関係を整理して
いる。そこで、産業クラスター論で想定される異業種連携は、複雑に交雑し
たネットワーク形状である一方で、農商工連携は中核団体を中心とした単線
的ネットワークに留まっている点を指摘している。とくに、工業部門主導に
よるケースが多いこと、「原料供給者」と加工部門の連携が大半であること、

商業部門の関わりが相対的に希薄であることなどと各事業主体間連携の多様性が一部に限られている点を指摘している。とはいえ、もう少し長期的な視点からの研究が必要であり、経済取引の持続安定化には取引条件を下支えするための人格的信頼関係と情報共有が必要であると指摘している。

　堀田や櫻井らは、産業クラスター論から現状の農商工連携の分析枠組みを提示するとともに、88選を対象に類型化を行っており、どのような主体により連携が構築されているのかについて検討を行っている。

　そして、石田（2008）は、主として農協の立場に立って、農商工連携の意義と取り組むにあたっての課題をまとめている。大西（2010）は、農商工連携を形成するプレイヤーや支援組織としての農協の可能性について、具体的な事例分析および計量分析から検討を行っている。辻村（2010）は「地域農商工連携」として、農協がイニシアチブをとって他経済主体との連携構築の可能性を指摘している。

　その他、岸上ら（2012）は、主として小売・メーカーなどへのヒアリングをもとに、「原料原産地表示」以降のウメ需給をめぐる新たな動向のもとで、農商工連携の先進事例として知られた和歌山県紀南地域のウメ産地がいかなる変化を遂げようとしているのかを検証し、農商工連携の現段階的課題と展開方向についての考察を行っている。杉田（2013）は、農商工連携や6次産業化が経営成果につながるために必要となる製品開発や技術開発を取り上げ、その成功要因や課題などを明らかにしている。

　近年では、後藤（2015）がプラットフォーム理論の整理を行い、効果的な農商工連携の促進効果と課題について検討している。大西ら（2018）が、農商工連携による農産物の一次加工に着目し、その方法や展開過程、連携関係について整理するとともに、その効果を明らかにしている。杉田・大栗（2018）は、公的な性格を有する組織が連携主体間の調整を行っている事例から農商工連携の形成過程を明らかにしている。そして櫻井・寺岡（2019）は、農商工連携事業の認定を受けている事業者を対象にした全国調査データに基づき、原材料農林水産物が事業者の間でどのように取引されているかを明らかにす

るとともに、契約取引では具体的な方法や内容の特性について考察している。

　この間の農商工連携の事業計画データからみえる問題点として、櫻井（2018）は、農・商・工それぞれ1事業体程度が結びついた単線的な連携ネットワークにとどまっていること、農工2部門の連携が多く、商業・サービス部門が関与した事業例がやや少ないこと、研究部門の関与が希薄であること、短期的な新製品開発に傾斜した事例が多いこと、農業部門の積極的な関与があまりなく成果配分も商工部門に傾斜していることなどを指摘し、販路多角化（による収入増加）には貢献したが、それ以上の連携効果があまりみられないことを指摘している[4]。

　以上をみると、農商工連携の事例研究や各主体の連携やネットワークのあり方に関する研究、製品開発の成功要因に関する研究など、農商工連携の現状と課題についての研究蓄積は数多くみられるが、本来（最終）の目的である農商工連携による「衰退する農山漁村の活性化」に関する研究は少ない。

3．農商工連携の政策展開と支援事業

　2007年11月、経済産業省と農林水産省は「農林水産業と商業・工業等の産業間での連携（「農商工連携」）促進等による地域活性化のための取組について」を取りまとめ、2008年7月に農商工連携法、2008年8月に「企業立地の促進等による地域における産業集積の形成及び活性化に関する法律の一部を改正する法律（企業立地促進法改正法）」のいわゆる農商工等連携関連2法が整備された[5]。

　農商工連携に取り組もうとする中小企業者と農林漁業者は、事業計画を作成することで、農商工連携法に基づいて、以下の認定を受けることができる（図2-1参照）。一つは、農商工等連携事業計画である[6]。これは、中小企業者と農林漁業者が、それぞれの経営資源を持ちより、有機的に連携して、新商品や新サービスの開発および販路の開拓に取り組む事業計画について認定を行うものである。専門家によるアドバイスなどが受けられるほか、設備投

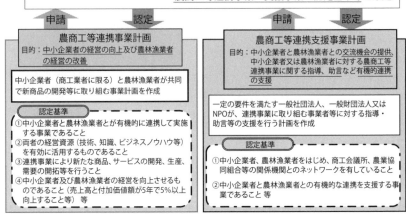

図2-1　農商工連携促進法の概要

資料：農林水産省「農商工連携の促進に向けた施策等」を参照

資減税、政府系金融機関による低利融資、各業種の助成法の特例など総合的な支援を受けることが可能となる。もう一つは、農商工等連携支援事業計画である。これは、一定の要件を満たす法人が行う中小企業者と農林漁業者との交流機会の提供、中小企業者または農林漁業者に対する農商工等連携事業に関する指導または助言、その他中小企業者と農林漁業者との有機的な連携を支援する事業である。その他には、独立行政法人中小企業基盤整備機構において2008年度に創設された農商工連携型地域中小企業応援ファンド融資事業による支援がある。同ファンドには、地域中小企業応援ファンドと農商工連携型地域中小企業応援ファンドの２種類があり、全国約30都道府県の状況に応じ組成されている。

　さらに、2017年に全国農業協同組合中央会、全国漁業協同組合連合会、全国森林組合連合会、全国商工会連合会、日本商工会議所の関係５団体による「農林漁業と商工業の連携を通じた地方創生の推進に関連する協定」が締結

され、地域の実情に配慮しつつ総合的に連携し、地域経済の発展による地方
創生を推進している。

4．農商工等連携事業の取組実態と課題

　次に、総務省行政評価局（2019）に記載された農商工等連携事業者[7]に
対するアンケート調査結果より、取組実態と課題を把握する。

　農商工等連携事業計画の認定件数をみると、制度が開始された2008年度以
降、2017年度末までに773件が認定されている。これを単年度ごとにみると、
2008年度には177件であったが2017年度には41件にとどまるなど減少傾向に
ある。また、農商工等連携事業（以下「事業」）の年間売上高は「200万円未
満」が48.9％であり、経営全体の売上に占める事業の売上割合も「50％未満」
が50.6％となっている。

　表2-1で最近5年間の動向を確認する。事業の売上高の傾向をみると、「あ
まり変わらない」が42.5％、「増加した」が32.2％となっており、事業規模別
では大規模層ほどその割合が高く、1千万～5千万円層では62.5％、5千万
円以上層では83.3％に及んでいるのに対して、100万円未満層では7.2％にす
ぎない。また、事業の利益の傾向についてみると、「毎年利益が出ている」
と「概ね毎年利益が出ている」事業者が42.5％となっている一方で、「利益
が出ない年の方が多い」と「まだ利益が出た年はない」事業者は51.0％存在
しており、必ずしも利益がでているわけではない。さらに、経営全体の利益
の変化についてみると、事業開始時に比べて「増加した」事業者が47.2％と
なっており、事業規模が大きくなるほど高い傾向がみられる。しかしその一
方で、「あまり変わらない」事業者（36.4％）、や「減少した」（10.7％）事業
者も「増加した」事業者と同じ程度みられる。

　最後に、農商工等連携事業に取り組む農業者における今後の農商工等連携
事業の方向性をみると、「縮小・撤退・連携解消」としている事業者が24.1％
となっている[8]。また、その理由を回答している事業者の44.7％が、連携先

表 2-1　農商工等連携事業の事業規模別にみた取組事業者の状況

（単位：事業体数、%）

		売上高	100万円未満	100〜500万円	500〜1千万円	1千〜5千万円	5千万円以上
	実数	214	97	50	17	32	18
最近5年間における農商工等連携事業の売上高	増加	32.2	7.2	40.0	41.2	62.5	83.3
	大きく増加	4.2	0.0	2.0	11.8	9.4	16.7
	やや増加	28.0	7.2	38.0	29.4	53.1	66.7
	あまり変わらない	42.5	52.6	46.0	47.1	25.0	5.6
	減少	21.0	34.0	12.0	5.9	12.5	5.6
	やや減少	9.3	11.3	6.0	5.9	12.5	5.6
	大きく減少	11.7	22.7	6.0	0.0	0.0	0.0
	無回答	4.2	6.2	2.0	5.9	0.0	5.6
最近5年間における農商工等連携事業の利益	毎年利益がでている	7.5	0.0	12.0	5.9	18.8	16.7
	おおむね毎年利益がでている	35.0	16.5	52.0	41.2	50.0	55.6
	利益がでない年のほうが多い	26.2	29.9	26.0	29.4	18.8	16.7
	まだ利益がでた年はない	24.8	45.4	8.0	17.6	3.1	5.6
	無回答	6.5	8.2	2.0	5.9	9.4	5.6
最近5年間における農商工等連携事業の年間の利益の変化（事業開始時の想定との比較）	増加した	47.2	26.8	58.0	47.1	71.9	83.3
	想定額よりも多い	11.7	9.3	16.0	5.9	9.4	22.2
	想定額と同じくらい	17.3	9.3	20.0	29.4	31.3	16.7
	想定額よりも少ない	16.8	7.2	20.0	11.8	31.3	38.9
	その他	1.4	1.0	2.0	0.0	0.0	5.6
	あまり変わらない	36.4	46.4	36.0	41.2	18.8	11.1
	減少した	10.7	16.5	4.0	5.9	9.4	5.6
	その他	2.8	5.2	0.0	5.9	0.0	0.0
	無回答	2.8	5.2	2.0	0.0	0.0	0.0

資料：総務省『「農業の6次産業化の取組に関するアンケート調査」結果報告書』（2019年3月）より作成。
注：構成比割合が100％にならない場合もある。

の中小企業者との問題を「縮小・撤退・連携解消」の理由であるとしている。

　同報告書においては、農商工等連携事業に取り組む農業者における経営指標の達成状況は20％に満たない状況である。また、農林水産省調査（2014）および経済産業省調査（2013）に基づき、農商工等連携事業に取り組む農林漁業者全体における経営指標の達成状況をみると、同様の傾向であることなどから「農商工等連携事業に取り組む農林漁業者における効果の発現状況をみると、農商工等連携事業の取組による効果が十分に発現しているとはいえない」としている。

5．地域視点の農商工連携の取組―和歌山県における事例―

（1）ウメ産地における多様な取り組み

　まず、2000年以降のウメ産地の動向について、確認したい。農商工連携の先進事例として知られる和歌山県紀南地域（みなべ町、田辺市）のウメ産業であるが、必ずしも地域内の農業・商業・工業がバランス良く連携・結合していたわけではなく、主として量販用の安価な原材料の過半を海外産地に依存するという問題も内含していた。これまで順調に成長してきたウメ産業ではあるが、付加価値商品の開発を中心とした農商工連携に新たな展開が求められている。

　具体的な動きとして、2000年以降は、景気の低迷や消費の減退を受け、行政や農協による販売促進活動が活発化した。1973年には、みなべ町にうめ課が設置され、現在まで消費拡大PR、生産安定対策、観光振興、うめ振興館の管理運営（資料館・道の駅）、世界農業遺産のPRなどに取り組んでいる。また、2008年には、国が進める構造改革特区制度を利用し「紀州みなべ梅酒特区」として内閣府より認定され、少量の梅酒製造が可能となった。これを受け、梅酒を製造する業者が増加し、現在14事業者50種を超える多様な梅酒が製造されている。

　さらに、JA紀州では、量販店・市場関係者・学校・消費者などに対して全国各地で消費宣伝活動を実施しており、農繁期である5〜6月に講習会や食育の出前講座を実施していること、職員とともに青ウメの販売促進宣伝活動を行う「梅愛隊」を結成（2004年結成、女性9人構成）していることが特徴的である。

　同様に、田辺市梅振興室やJA紀南においても、多種多様な販売促進やPR活動が行われている。紀州田辺うめ振興協議会においては、ウメの新用途開発事業、消費拡大・消費宣伝特別事業（機能性研究、梅干し健康法の実践、梅干し消費拡大販売促進など）、協議会事業（梅もぎ体験観光の受入、青ウ

メ加工講習会、ウメ料理の普及PRなど）を実施している。

　次に、グリーン・ツーリズム（都市農村交流）の取組である。従来からも「梅林」（みなべ町観光協会、田辺市観光協会の推計：毎年約5万人程度、2008年度）というかたちでの観光への取組はみられたが、これは地域との交流や地域の理解を深めるといった効果は少なく、通過的な観光となっていた。それに対して、近年では紀南地域におけるウメ産地においても「収穫・加工体験」といった食育視点からの取組や県の「農家民泊」認証の取得、「教育旅行誘致協議会」の立ち上げなどの取組により「産地のみえる」、消費者との深い交流を目的としたグリーン・ツーリズムの推進に関心が高まっている。「収穫・加工体験」は和歌山県「ほんまもん体験」として提供され、「農家民泊」の県認証は田辺市「上秋津農家民泊の会」が取得しており、「教育旅行誘致協議会」はみなべ町と田辺市で設立されている。

　このような取組は、交流人口の増加にともなう直売所の活性化など短期的な経済効果だけでなく、交流によるリピーター（顧客）の確保や関係人口の創出を通じてウメ産地に理解を持つ消費者を中長期的な視点から育成するという意味をもつ。

　最後に、世界的に重要な農業システムを国連食糧農業機関（FAO）が認定する世界農業遺産の取組である。認定基準は、①食料と生計の保障、②生物多様性と生態系機能、③知識システムと適応技術、④文化、価値観、社会組織（農文化）、⑤優れた景観と土地・水資源の管理の特徴、となっている。2018年12月現在、世界21か国57地域、日本では「みなべ・田辺の梅システム」（2015年認定）を含めた11地域（宮城県、新潟県、石川県、静岡県2か所、岐阜県、和歌山県、徳島県、大分県、熊本県、宮崎県）が認定されている。認定地域には、保全のための具体的な行動計画を策定し、伝統的な農業・農法や生物多様性を次世代に継承していくことが求められるとともに、地域の人々に誇りと自信をもたらし、農産物のブランド化や観光振興を通じた地域経済の活性化も期待されている。

（2）地域づくり型農商工連携の取組

　次に、全国的にも地域づくりで知られる田辺市上秋津地区の取組である。同地区は田辺市西部に位置する人口約3,000人の農村地域で、温暖な気候を生かし、ミカン・ウメなどを生産する果樹産地となっている。田辺市周辺は日照時間が長いことから、かんきつをみると、温州ミカン・伊予柑・清見オレンジなど約80種類が生産されており、1年を通じて出荷が可能となっている。典型的な農業経営の形態はミカン専作とミカン・ウメの複合作となっている。同地区では「地域づくり」と「コミュニティービジネス（地域経済)」の両立による地域活性化が進められており、自分たちで考え、自分たちで出資し身の丈の事業を展開することで「終わらない地域づくり」に取り組んでいる。その取組は、①直売所、②宿泊施設、③農家レストラン、④スイーツ工房、⑤市民農園、⑥オーナー樹、⑦再生可能エネルギーなど、多岐にわたる。また、地域内には、「農業法人株式会社きてら」、「農業法人株式会社秋津野」、「農業法人株式会社秋津野ゆい」、「一般社団法人ふるさと未来への挑戦」が設立され、農業と地域内組織の連携とともに、地域外組織との連携による多様な取組が展開されている（図2-2参照）。

　地元農産物を利用した加工品を開発し、直売所で販売するとともに、農家レストランでは、地域の農業を元気にしたいという考えから、地域食材にこだわり原価率は50％近くにも達し、「スローフード」、「郷土料理」、「地産地消」をキーワードとしたメニューで年間平均して1日あたり100人という来客で連日賑わいをみせている。また、市民農園については、耕作放棄地であった農地が活用され、64区画中30区画が利用されている。利用されていない区画については、同社社員が農家レストランへの納品を目的とした野菜づくりを行っている。農家レストランでは地域女性の新たな雇用がうまれているとともに、農家レストランへの食材提供のため、野菜などの生産が少しずつではあるが増加し、耕作放棄地の解消や高齢者の営農意欲の向上にもつながっている。

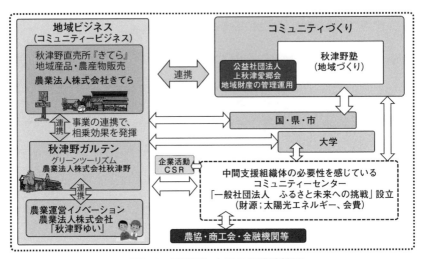

図2-2　同地区における組織連携図

資料：玉井常貴氏講演資料（2021年7月）を加筆修正

　農産物直売所の開設当初の売上高は約1,000万円であったが、さまざまな創意工夫をこらした結果、2017年現在、出荷者は約300人、売上高は約1.5億円に達している。2017年度における「秋津野ガルテン」の年間売上は約6,000万円、交流人口は約6万人（うち、農家レストランは約52,000人、宿泊者数は約2,300人、体験利用者は約3,500人など）となっており、「きてら」とあわせて約12万人もの人々が訪れ、地域のにぎわいとともに地域経済の活性化にもつながっている。

　このように、地域資源を活かしたさまざまな活動を行い、売上高や来客数といった「目に見える効果」だけでなく、農家レストランの地元仕入れ重視などの地産地消の推進や同地区以外での観光周遊などの地域にもたらされた経済効果を和歌山大学との共同研究により推計したところ経済波及効果は約10億円となっている[9]。

　さらに、近年では、地元の商業や工業にとどまらず、金融機関や大学などとも連携することで、ミカンジュースの搾りかすのたい肥化、抽出した油（香

り）成分でシャンプーやハンドクリームなどの商品化などとともに、太陽光発電事業や小水力発電事業など、地域資源の利活用のみならず、地域資源や地域経済の循環を意識した取組は注目される[10]。

（3）地域全体を巻き込んだ農商工連携への展開

　以上みてきたように、農商工連携の先進地といわれる和歌山県の取組をみると、ウメ産地では、農業者、工業者、商業者という経済主体のみの連携によるウメ関連商品の開発にとどまらず、行政や農業など多様な関係者が連携し、地域振興に取り組んでいること、また、ウメを単なる商品としてだけではなく、地域資源と捉え、グリーン・ツーリズムや世界農業遺産のような新たな展開をみせていること、などが特徴的である。また、田辺市上秋津地区では、地域内組織の連携を中心として、金融機関や大学など地域外の多様な組織が連携していること、農商工連携による経済波及効果の見える化や地域経済循環を意識した商品開発が行われていること、などが特徴的である。これらの取組は、単なる連携やネットワークの実現や商品開発による産業振興にとどまらず、地域全体を巻き込んだ地域振興につながりつつある取組となっている。

6．今後の農商工連携の展開方向

　これまでみてきたように、農商工連携は「農山漁村の多角化」、「各主体の連携やネットワーク」に主眼を置いて推進されてきた。これまでの各種関係者の積極的な取組や行政などの支援により、第一次産業の振興としては一定の成果を上げているが、農山漁村の振興にまでは十分に至っていないことがわかる。今後の展開方向としては、以下の点が考えられる。

　第1の視点は、農林漁業者への成果配分の向上と更なる支援である。研究成果や事業の取組実態と課題をみると、「農業部門の積極的な関与があまりなく成果配分も商工部門に傾斜していること」や「農商工等連携事業に取り

組む農林漁業者における効果の発現状況をみると、農商工等連携事業の取組による効果が十分に発現しているとはいえない。」との指摘がある。この要因には、農林漁業者が生産した産品（原材料）の販売にともなう付加価値以上に、商工業者による加工や販売過程におけるそれが大きくなっていることや短期的な新商品開発に傾斜した取組が多くなっている（十分な利益獲得の前に取組が終わる、継続した販売が実現していない）ことなどが考えられる。また、農商工連携に取り組むことで、農林漁業者にとっては既存の出荷先に加え、新たな販売先が確保され、販路多角化は実現したものの十分な売上向上にはつながっていない事例や、一部の都市部の商工業者には流通業者を介さない単なる「中抜き」による原材料調達先となっている事例もみられる。いずれにしても、農林漁業者への適正な成果配分の実現とともに、連携体の良好な関係性の維持などによる農林漁業者の所得向上の実現が重要となる。

　第2の視点は、農山漁村の活性化の実現である。各主体が連携すること、また、各種支援を利用することで、多くの商品やサービスが開発されたことは一定の成果を得たといえる。一方で、「販路多角化（による収入増加）には貢献したが、それ以上の連携効果があまりみられないこと」が指摘されており、今後は、産業（農林漁業）振興から地域（農山漁村）振興への展開が求められる。先進地として知られる和歌山県のウメ産地においても、これまでの多様な商品開発にとどまらず、グリーン・ツーリズムや都市農村交流など多様な取組による地域振興が目指されている。これらを推進する際には、田辺市上秋津地区にみられるような農林漁業者を含めた地域住民が主体となった地域づくり型（内発的）の取組が望ましいと考えられる。また、以前から指摘はあるが、農商工業者だけにとどまらず、行政や大学に加え地域金融機関などより多様な主体の参画による連携が重要となる。

　第3の視点は、地域資源や地域経済の循環である。世界農業遺産やミカンジュースの搾りかすのたい肥化、再生可能エネルギーなどの取組は、まさにこれまでの商品開発やサービスとは違う視点の取組である。もちろん、農商工連携による商品やサービスの開発による経済的な視点に立った産業振興と

地域振興は必要であるが、これらに加えて、ヒト・モノ・カネなどの地域資源を地域内で循環させる持続可能な取組もよりいっそう重要となるのではないだろうか。

　昨今、SDGsの推進や持続可能な社会の実現などが提唱されていることに加え、世界的な大混乱を巻き起こしたコロナ禍を契機として、社会的価値観の変化とともに、農業や農村の再評価の動きがみられる。

　今後の農商工連携は、産業振興から地域振興へと展開する必要があるとともに、その際には一定の地域内において多様な主体が連携し、地域資源や地域経済の循環といった視点も取り入れた持続可能な取組が求められるといえよう。

注

1）斎藤修の農商工連携に関する著書は多数あり、また、同氏が会長を務めた日本フードシステム学会でも活発に議論が行われた。

2）日本農業経営学会（2009）を参照。

3）2008年4月、農林水産省と経済産業省では、農林漁業者と商工業者等が連携して、それぞれの技術や特徴等を活用している先進的な取組を「農商工連携88選」（応募総数240件）として選定した。

4）櫻井（2018）を参照。

5）農商工連携の詳細や現状については、農林水産省、経済産業省、中小企業庁の各ホームページを参照。

6）農林水産省のホームページから農商工等連携事業計画の概要（2021年2月現在の認定実績）を確認すると、全国の認定件数は815件となっている。地区では北海道が90件、活用されている農林水産資源（品目）では野菜が30.3%、認定事業の内容では新規用途開拓による地域農林水産物の需要拡大・ブランド向上が375件と最も多くなっている。

7）農商工連携法に基づき、農商工等連携事業計画の認定を受けた農林漁業者および中小企業者のことをいう。なお、2016年3月までに農商工等連携事業計画の認定を受けた農業者のみを対象としており、当該計画の認定を受けた中小企業者は対象としていない。有効回答数は237となっている。

8）「縮小・撤退・連携解消」とは、「縮小または連携を解消していく方向」または「すでに連携を解消している」と回答した事業者を合計したものである。また、その理由について、自由記述により回答を求め、当該回答について当

省が整理・分類したものである。

9）藤田・大井（2015）を参照。

10）本事例調査については、JST共創の場形成支援プログラム【JPMJPF2003】の支援を受けた。

引用・参考文献

藤田武弘・大井達雄（2015）「都市農村交流活動における経済効果の可視化に関する一考察」和歌山大学観光学会『観光学』12, pp.27-39.

後藤英之（2018）「6次産業化研究の現状と今後の課題」『商学討究』68（4）, pp.53-63.

後藤一寿（2015）「プラットフォーム形成による効果的な農商工連携の促進と課題」『農村経済研究』33（2）, pp.39-46.

橋本卓爾編（2005）『地域産業複合体の形成と展開』農林統計協会.

堀田和彦（2009）「農商工連携の分析視角」『農業と経済』75（1）, pp.21-30.

堀田和彦（2010）「産業クラスター・ナレッジマネジメント的視点からの農商工連携の整理」『農村研究』110, pp.1-12.

石田文雄（2018）「農業地域における地域産業の複合化をめぐる理論研究―『地域産業複合体』論の学術的位置の再考」『大阪経大論集』69（4）, pp.187-206.

石田信隆（2008）「農商工連携と農協―連携を育てるために―」『農林金融』61（12）, pp.17-25.

経済産業省農商工連携研究会（2009）『農商工連携研究会報告書』.

岸上光克・藤田武弘（2012）「ウメ需給構造の変化と農商工連携の現段階」『農業市場研究』20（4）, pp.60-66.

岸上光克（2018）「和歌山県内における内発的な地域づくりの展開過程―田辺市上秋津地域を事例として―」『経済理論』395, pp.57-68.

森嶋輝也（2013）「食料産業クラスターにおけるネットワーク形成」『フードシステム研究』20（2）, pp.120-130.

室屋有宏（2008）「「農商工連携」をどうとらえるか―地域の活性化と自立に活かす視点―」『農林金融』61（12）, pp.2-16.

日本農業経営学会（2009）「農商工連携による地域活性化」『日本農業経営学会東京大会地域シンポジウム資料』.

岡田知弘（1996）「地域産業の発展方向と農業の役割」『第46回地域農林経済学会大会報告要旨』, pp.30-31.

大西千絵・野崎大喬（2010）「農商工連携におけるJAのポテンシャル」『日本農業経済学会論文集』2010年度, pp.175-182.

大西千絵・安江紘幸・田口光弘（2018）「農商工連携における一次加工の取り組みによる効果―A農協を核とした熊本県南部地域のタマネギを事例として―」『農

業経営研究』55（4），pp.27-32.

斎藤修（1996）『地域内発的アグリビジネスの展開条件と戦略』筑波書房.

斎藤修（2001）『食品産業と農業の連携条件』農林統計協会.

斎藤修（2007）『食品産業クラスターと地域ブランド』農山漁村文化協会.

斎藤修（2008）『地域ブランドの戦略と管理』農山漁村文化協会.

斎藤修（2009）「農商工連携をめぐる地域食料産業クラスターと農業の再編戦略」『農村計画学会誌』28（1），pp.11-17.

斎藤修（2010）「農商工連携をめぐる基本的課題と戦略」『フードシステム研究』17（1），pp.15-20.

斎藤修（2011）『農商工連携の戦略』農山漁村文化協会.

斎藤修（2012）『地域再生とフードシステム』農林統計出版.

斎藤修（2012）「6次産業・農商工連携とフードチェーン」『フードシステム研究』19（2），pp.100-116.

坂本慶一・高山敏弘共編著（1983）『地域農業の革新』明文書房.

坂本慶一・高山敏弘・祖田修共編著（1986）『地域産業複合体の展開』明文書房.

櫻井清一（2010）「農・工・商・官・学の連携プロセスをめぐる諸問題」『フードシステム研究』17（1），pp.21-26.

櫻井清一（2011）「農商工等連携事業の展開にみられる諸課題」『農業市場研究』19（4），pp.62-67.

櫻井清一（2015）「6次産業化政策の課題」『フードシステム研究』22（1），pp.25-31.

櫻井清一（2018）「多角化の視点から考える6次産業化」『和歌山大学食農総合研究所研究成果第6号』.

櫻井清一・寺岡伸悟（2019）「農商工連携事業における原材料契約取引の特性」『農業経営研究』57（2），pp.89-94.

関満博・松永桂子編著（2009）『農商工連携の地域ブランド戦略』新評論.

渋谷長生（2010）「農商工連携の現段階的意義と課題」『東北農業経済研究』28（2），pp.75-80.

渋谷長生（2011）「農商工連携における「組織間媒介組織」の機能―青森県清水森ナンバランド確立研究会の事例分析―」『農村経済研究』29（2），pp.101-108.

総務省行政評価局（2019）『「農業の6次産業化の取組に関するアンケート調査」結果報告書』.

杉田直樹（2013）「農商工連携、6次産業化における製品開発の課題」『農業経営研究』51（2），pp.61-66.

杉田直樹・中嶋晋作・河野恵伸（2012）「農商工連携、6次産業化の類型的特性把握」『日本農業経済学会論文集農業経済研究』2012年度，pp.122-129.

杉田直樹・大栗行昭（2018）「地域特産農産物の産地復活に果たす農商工連携の役

　割―栃木県大田原市のとうがらし「栃木改良三鷹」を事例に―」『農業経済研究』
　89（4），pp.335-340.

竹中久二雄編（1985）『地域経済の発展と農協加工―農協加工と地域複合経済化』
　時潮社

竹中久二雄編（1995）『地域産業の振興と経済』筑波書房.

辻村英之（2010）「「地域農商工等連携」とJAの「新たな協同」」『農業と経済』76（8），
　pp.46-55.

上原征彦（2011）「農商工連携と地域活性化」『マーケティングジャーナル』30（4），
　pp.5-14.

上原啓一（2019）「農林漁業の6次産業化に関する政策の現状と課題―農林漁業の
　6次産業化の推進に関する政策評価を踏まえて―」『立法と調査』416，pp.108-
　119.

和歌山大学食農総合研究所（2018）『和歌山県農業展開史』.

和歌山大学食農総合研究所（2020）『和歌山県農業展開史Ⅱ』.

吉仲怜（2011）「農商工連携・6次産業化の論点整理と事例評価」『農村経済研究』
　29（1），pp.4-13.

（岸上光克）

.

第3章

食農連関の再構築と都市農村交流への期待

1．はじめに

　食料供給のグローバル化の進展やフードシステムの高度化のもとで、「食」の領域では「安全・安心への不安」「食と農の乖離」「持続可能なフードシステムへの国際的・道義的責任」が、「農」の領域では「条件不利地域政策としての都市農村交流導入」「人・土地の空洞化に伴う集落機能の後退」などの課題が各々浮き彫りになっている。一方、これらの諸課題に立ち向かう動きとして、「食」の領域では「食品安全行政の進展」「顔の見える流通や農業体験・交流」「消費志向の多様化」が、「農」の領域では「交流の鏡効果による価値創造」「新しい内発的発展への期待」が拡がっている。

　特徴的なことは、「食」と「農」に関わる課題解決に向けた道筋を、都市側と農村側とが別々に模索するのではなく、両者の交流・連携を通じた関係性変化の中に見出そうとしている点である。切り離された「食（消費）」と「農（生産）」との連関を再構築するという取組は、ポストコロナ下において求められる「分散型社会」構築のシナリオを充実させる上でも、近年益々その重要性を増している。

　本章では、現代日本社会における「食」と「農」の問題状況と解決に向けたさまざまな模索を概観したのち、都市農村交流施策の展開と特徴ならびに

関連する既存研究の到達点と課題を整理する。その上で、食料・農業市場の変容下におけるさまざまな都市農村交流活動を事例に、それらの取組が乖離した「食」と「農」との関係をいかに再構築するのかについて考察する。

2．現代日本社会における「食」と「農」

（1）「食」をめぐる問題状況と解決に向けた模索

1）安全・安心への不安と食品安全行政の進展

　食の安全・安心をめぐる問題は消費者にとって常に大きな関心事である。戦後の経済成長の過程でも、食料生産の近代化・工業化にともなう食品関連の事件・事故が繰り返し発生しており、その度ごとに消費者保護の観点から食品の安全性を確保するための各種食品表示制度の改革や監督機関等の設置が進められてきた（矢野2019）。

　一方で、輸入食品の急増や食の簡便化・外部化進展にともなう食生活の多様化、その結果として惹起した「食」と「農」の乖離を通じて、消費者は食の安全・安心を判断する際の拠り所を食品表示情報に求める傾向が強まっているが、食品産業における食品偽装・不当表示に関する問題はいまも後を絶たない。加えて、食品表示の煩雑さにともなう情報の理解不足が消費者にとって悩みの種となっている。

　しかし、近年では、消費者庁の設置（2009年）を契機とする食品表示制度の一元化（2015年：食品衛生法・JAS法・健康増進法における食品表示関連規定の整理統合）や、消費者から最も要望の強かった加工食品全般に対する「原料原産地表示」義務化（2017年から段階的に施行）など、消費者視点に立った制度改革が進み始めている。また、2010年前後から、食品の安全性向上のためのフードチェーンの各段階における科学的根拠に基づくリスク管理のあり方に注目が集まり、例えば食品のトレーサビリティの取組については、生産者の62.8％が「出荷記録を全て保存」、流通加工業者の54.2％が「内部トレーサビリティを全てまたは一部の食品で実施」となっている（農林水産省

2019年調査)。

2）乖離した「食」と「農」の関係を取り戻す体験・交流への期待

　高度経済成長期以降、女性の社会進出や家族世帯員数の減少を背景として進展した食料消費の洋風化・多様化は、食品製造業における新たな加工食品の開発やスーパーマーケットの台頭、さらには外食チェーンの登場などを契機にさらに成熟し、食の外部化（中食・外食への依存）への傾斜をよりいっそう高めることになった。日本総菜協会の推計では、2018年の食市場（約72兆円）のうち、中食市場が約10兆円、外食市場が約26兆円となっており、いわゆる「外部化（中食+外食）率」は50％となっている。なお、外食市場に比して伸長が著しい中食市場ではあるが、それは基本となる内食を補完するものとして選択的に利用されている（木立2021）。

　一方、食の外部化進展は「食」と「農」の乖離を助長するとともに、「農」の営みに思いを馳せる機会を消費者から奪い、食の安全・安心には関心があっても、農業・農村の現場が直面する悩みについては自分ごととして捉えることが難しい（当事者意識の欠落）という問題を浮き彫りにした。そのような問題を背景に、「顔の見える流通」として消費者の期待を集めた農産物直売所は、JAファーマーズマーケットの登場を機とする業態変化（常設化・大型化）を経て全国各地に拡がり、いまやフードシステムの重要な構成要素となっている。しかし、相次ぐ民間事業者の参入やスーパーのインショップ導入・地場産売場の拡充等の競争激化を受けて、近年JAファーマーズマーケットにおいてはリピーター利用者を対象とした「生産者との交流」や「農作業体験」等の要素を組み込んだ新たな取組が模索されている（岸上・辻ら2021）。消費者をさまざまな都市農村交流活動へと誘うアンテナショップとしての農産物直売所の役割には今後も注目すべきである。

3）持続可能なフードシステムへの国際的・道義的責任と消費の多様化

　食品ロスや貧困、地球環境の悪化に関する国際的関心の高まりを受けて、

2015年の国連サミットにおいて食料の損失・廃棄の削減などを目標とする「持続可能な開発のための2030年アジェンダ」が採択され、SDGs（Sustainable Development Goals）の一つに食品ロス削減への取組が盛り込まれた。

　人口増加による食料のひっ迫が予想される世界の食料需給見通しの中で、日本の食料自給率は低下の一途を辿り、2000年以降はおおむね40％前後で推移している。穀物自給率（2018年：28％）に限れば、OECD加盟38カ国中の32番目、人口１億人以上の国の中で最下位である。また、世界有数の農産物純輸入国であり、かつ「フード・マイレージ[1]」も世界第一位である一方で、食品ロス発生量は年間612万ｔ（2017年度推計値：事業系328万ｔ、家庭系284万ｔ）に及ぶなど、日常的に大量の食料を廃棄しているのが現状である。途上国を中心に８億人超の栄養不足人口を抱える世界の現状に鑑みれば、持続可能な生産・消費システム構築という課題に対する日本の国際的・道義的責任が鋭く問われなければならない。

　とりわけ、SDGsへの貢献が要請されるポストコロナ社会においては、脱炭素と経済成長の両立を目指す欧州の新たな成長戦略「グリーン・ディール」と、その中で農業部門の核となる「Farm to Fork戦略（公正で健康的な環境にやさしいフードシステムへの移行）」は看過できない動きである。従来、ニッチと称されたローカルフードシステムが有する本来的価値（家族農業経営の持続性、地域活性化や流通経費削減への期待）や食農教育の意義（農山村での体験学習機会の拡大や学校給食への地場産物・国産食材利用促進）をSDGsの観点から再評価すべき時期を迎えている。「モノ消費」から「コト消費」へのトレンドシフトや、自らの選択的な消費を通して社会的課題の解決に寄与したいとする倫理的（エシカル）消費への関心の高まり、さらには食品事業者の意識改革には期待したいところである[2]。

（2）「農」をめぐる問題状況と解決に向けた模索

１）条件不利地域政策としての都市農村交流導入と鏡効果による価値創造

　プラザ合意（1985年）を契機とする市場開放・円高協調政策のもとでの農

林水産物輸入の増大は、農産物価格・農業所得の低迷をもたらし、その結果として農村においては農業労働力や農地等の基礎資源の適正な維持・管理が困難となった。これら農村を取りまく外部環境の深刻化を背景として、四全総（1987年）の中に「都市と農山漁村・過疎地域との交流促進」が位置づけられるとともに、多様な都市農村交流が全国的に展開した。その後においても、都市農村交流は、新自由主義的な構造改革路線に馴染まない条件不利地域（中山間・都市近郊）における地域政策として、さらには多極分散型による東京一極集中の是正が求められた国土政策の一環として官主導（府省庁連携による施策パッケージ）により推進された。

　一方で、農村での長期滞在を特徴とする西欧型のそれとは異なり、日帰りまたは短期滞在とはいえ地域経営的性格が強いとされる日本型グリーン・ツーリズムの実践は、農山村での各種体験交流活動や農家レストラン、農家民泊等のさまざまな「農村空間の商品化」を通じて農業・農村の新たな価値創造の可能性を拡げることに貢献した（田林2015）。さらには、交流の「鏡効果」を通じて生産者の営農意欲の存続や経済成長の過程で喪われた農村住民のふるさとへの愛着や誇りを取り戻す等の役割を果たしてきたことも重要である。

2）人・土地の空洞化にともなう集落機能の後退と新たな内発的発展への期待

　農業労働力・農地などの基礎資源がいっそう縮減するもとで、少子高齢化が著しい農村においては共同体としての相互扶助的な集落機能が喪われる「限界集落」化が進行するなど、農山村に居住する住民だけでは地域資源を維持・管理することが困難となる事態が進行している。実際に、資源管理機能（水田や山林等の地域資源の維持保全）、生産補完機能（草刈り・道普請等の生産活動を補完する相互扶助）、生活扶助機能（冠婚葬祭など日常生活の相互扶助）等の集落機能が、2010年から2019年のあいだに「機能低下」または「維持困難」と回答した割合が、中間農業地域で6.3ポイント増加して19.5％、山間農業地域では7.9ポイント増加して37.6％となっている[3]。

　しかし一方では、近年になって山間地の過疎集落で人口の社会増が実現す

るなど、若年世代を中心とする田園回帰の動きに注目が集まっている。2014年、日本創生会議の人口予測に基づく「市町村消滅論」がもたらした衝撃は大きかったものの、実際にはそれらの予想に反して、規模の経済一辺倒の社会原理を問い直そうとする地域実践が各地で拡がりをみせている（藤山2015）。ほころびを見せ始めた集落のコミュニティを、都市からの移住者や地域おこし協力隊などの外部サポート人材が繋ぎ合わせるといった取組はその証左であろう（筒井・嵩ら2014）。このように、持続可能な今後の農山村地域のあり方を考える上で、内部の力と外部の力を地域が主体的・調和的にコントロールする「新しい内発的発展」の地域実践は、今後ますます注目すべき動きである（小田切・橋口2018）。

3．都市農村交流に期待される役割と研究の到達点

（1）近年における都市農村交流施策の展開と特徴

先述したように、日本の都市農村交流政策は、生産機能の低下や過疎化による集落機能の後退に直面した農村における地域政策の一環として展開されてきた。しかし一方で、都市農村交流は、農村の基幹産業である農林業や景観など固有の地域資源の存在に依拠しつつ地域の特性に即して展開する活動でもあることから、地域資源を有効活用した新たな農村ビジネスの創出や農村や森林に対する国民的な理解醸成、さらには農村の住民に対して市民との「交流・連携・協働」の方向に地域再生の活路を見出そうとする機会を提供してきた役割は軽視できない。

2000年以降の都市農村交流施策についてみると、グリーン・ツーリズムの推進に移住・定住、二地域居住の促進を加えた「都市と農山漁村の共生・対流」が府省庁連携の施策群としてパッケージ化されるなど、国の重点施策としての様相が強まった点が特徴である。例えば、農家民泊に象徴される体験教育旅行が全国規模で実施される引き金ともなった総務省・文部科学省・農林水産省の連携による「子ども農山漁村交流プロジェクト」（2008年）は、

その後内閣府がバックアップする形で参画し、将来の関係人口づくりに資することが期待されている。

　また、農林水産省「都市と農村の協働の推進に関する研究会」(2008年)では、「共生・対流」の考え方を一歩進めて、個人のみならずNPO・大学・企業等も加えた都市と農村との対等平等なパートナーシップの形成（都市との協働）が推奨された。国公私立大学の「成果指標（地域貢献)」として予算配分にも影響を与えることになった「地（知）の拠点大学による地方創生事業（COC+)」の導入（2015年度）もこれらの動きを背景としたものである。

　さらに、条件不利地域対策として2000年度に開始され、2020年度に第5期対策を迎えた「中山間地域等直接支払制度」についても、対象農用地面積に対する交付面積割合は84％（2019年度）に及んでおり、集落における地域運営機能の強化をはじめ、6次産業化や都市農村交流活動を導入して棚田保全や地域振興を図る活動等への施策支援が強化されている。とりわけ、「棚田地域振興法（2019年)」では、行政・農業者・地域住民など多様な主体の参画により地域協議会を組織し、棚田を核とした地域振興の取組を関係府省庁横断で総合的に支援する仕組みが構築された。2020年度には629の指定棚田地域において、外部サポーターの導入や都市農村交流活動等を組み込んだ振興活動計画が認定されている。

　一方で、「共生・対流」の目指すべき形態として注目を集めた都市から農村への移住については、とくに国土交通省・総務省・農林水産省において各々の課題解決を目的に農村移住が推進されたほか、「オーライ！ニッポン会議」(2003年)、「移住・交流推進機構（JOIN)」(2007年）等の関連外郭団体が設立されたことを契機として、国の施策に連動した形で移住支援に取り組む自治体が増加した。その結果、セカンドライフに田舎暮らしを志向する都市住民の存在や、若者の農村志向に象徴される新たな「田園回帰」の波は全国に拡大し、三大都市圏からの転入者が転出者を上回る年が2012年から2019年の8年間に1回以上あった市町村が三大都市圏を除く35道府県の579市町村を数える[4]。

ところで、移住施策と連動して、集落機能の維持と活性化を目的に主として外部からの人的支援を行う総務省「集落支援員」（2009年）や「地域おこし協力隊」（2009年）などの新たな農村活性化対策が実施されたことも注目すべき点である。2020年度時点における後者の現役隊員数（全国）は5,464名（男性：59.3％、40歳未満：67.9％）であるが、2019年度末までに任期終了した卒隊員（6,525名）についてみると、約7割が20 ～ 30歳代、任期終了後には約6割の卒隊員が活動地と同一市町村内または近隣市町村内に定住している。また、同一市町村内に定住した者のうち、約4割が就業（公務、観光業、農林漁業組合、まちづくり支援など）、約4割が起業（飲食サービス業、宿泊業、美術・工芸・デザイン業、6次産業、着地型観光業など）、約1割が就農・就林などとなっており、移住定着のカギを握る仕事についても自ら創出する意欲が確認できる。

　近年、総務省では、移住した「定住人口」でも、観光で訪れた「交流人口」でもなく、地域や地域の人々と多様に関わる人々を「関係人口」という言葉で概念化し、その創出・拡大を通じて関係人口と地域との協働を推進し、地域の活性化を図るモデル事業に着手している（2018年度〜）。関係人口は、内閣府の第2期「まち・ひと・しごと創生総合戦略」において、東京一極集中の是正に向けて地方移住の裾野を拡大する取組の一つとして注目されているが、それらがどのように形成されいかなる役割を果たすのかについて、実践を踏まえた検証が待たれるところである。

（2）既存研究の特徴と課題

　大江（2017）は、都市農村交流活動と農村ツーリズム（グリーン・ツーリズムと同義）との理念的な相違について、前者が非経済的な社会活動を含む広義な概念であるのに対して、後者は農村ビジネスとして多面的機能を内部化して所得化する農林漁業者の活動であると整理している。大江自身は、主として農家経営内部におけるツーリズム活動の経営評価（大江2003）など後者に関わる研究に先駆的に取り組んできたが、2000年代に入ってからはヨー

ロッパとは異なり「地域経営」型という特徴を持つ日本型グリーン・ツーリズムの多様な事例分析（宮崎2006）や、産業連関分析による地域経済効果の把握（霜浦・坂本ら2004）（藤田・大井2015）などが進められた。

　一方の都市農村交流活動については、上述した府省庁連携による多面的な施策展開を背景に、地域での多様な実践が拡がったこととも関わって、2000年以降さまざまな視角から研究が進んだ。

　例えば、一時滞在型の都市農村交流活動として知られる「農産物直売所、観光農園、農業体験農園、農家レストラン」等の取組を対象とする研究では、①農家・農村側の変化（副収入増加にともなうマーケットイン型農業経営の導入、自給農家から販売農家への転化や出荷形態の変化など地域農業の変容、交流の「鏡効果」を契機とする営農意欲やモチベーションの向上など）、②消費者側の変化（食生活への関心増加や農業理解の醸成、リピーター層の形成にともなう農業体験・交流への更なる意欲向上など）、③両者の関係性や事業の継続性（交流機能を含む関係性マーケティングの深化、IT導入など流通システム改革、JAにおけるファーマーズマーケット事業の位置づけなど）等に焦点が当てた成果が多数確認できる。

　なかでも非経済的な「交流機能」について特徴的な研究をみると、農産物直売所が有する交流機能が都市農村交流を深化させることについて実証的・理論的に考察した研究（櫻井2008）や、都市と農村との関係性の変化を歴史的・理論的・政策的に考察した上で、多様な都市農村交流活動の実証分析を通じて両者の連携・協働が深化しつつあることを指摘した研究（橋本・山田ら2011）がある。また、新たな段階に入った日本型グリーン・ツーリズムの社会実践を「地域住民の自律的実践を基点とし、彼らの思いや願いを「他人事」とせずに、「自分事」にする相互交流機会」と捉え、それを通じて農村社会における持続可能な協発型発展を目指すべきとする青木の研究は示唆に富む（青木2010）。さらに近年では、交流事業の継続性の鍵を握る農村における「中間支援機能」のあり方と行政の関わりについて実証的に分析した研究（阪井2021）も見受けられるようになった。

一方で、農家民泊（体験教育旅行）、農村ワーキングホリデー（援農ボランティア）など滞在型の都市農村交流活動やそこから進んだ「二地域居住」さらには「移住・定住」にも帰結する研究については、地域内外の多様なステークホルダーとの繋がりや組織間の関係性にまで分析対象が及ぶことが多い。したがって、交流の成果を短期的な意味での経済効果や農業・農村に対する理解醸成に求めるのではなく、①中長期的な視点から将来の農業・農村の担い手やサポーターとしての人材をいかに育成するかといった次世代教育の社会的意義を示唆する研究や、②新たな内発的発展を支える地域づくりのアクターとしての役割が期待される関係人口や移住者をどう増やすのか等の複眼的な視点からの研究が2010年以降精力的に発表されている。

　特徴的な研究を指摘しておきたい。まず、①次世代教育との関連については、子どもを対象とする都市農村交流事業（府省庁連携による「子ども農山漁村交流プロジェクト」）を分析対象として、農山村が有する教育的機能を活用した都市農村交流事業の課題と方向性について、都市側（学校教育における効果）と農村側（農家民泊など事業導入効果）の両面から接近した研究（佐藤2010）や、都市農村交流事業の一環として実施される小学生の農業体験学習に焦点を当て、その教育的効果や協力農家の参画を通じた地域活性化への波及効果の検証を試みた研究（山田2016）が特筆される。

　②関係人口や移住者の役割については、農山村を支える大学の地域連携活動を実証的に分析し両者にとって望ましいあり方を整理した研究（中塚・内平2014）や、農山村再生のプロセスにおける集まる「場」としての拠点づくりの重要性を指摘した研究（中塚2019）をはじめ、外部人材として注目を集める「地域おこし協力隊」の活動プロセスの分析を通じて、地域サポート人材と地域住民、行政が相互に果たす役割を指摘した研究（図司2014）や、多様な動機から農村に向かう若者たちが新たな農業の担い手として定着しうる可能性について考察した研究（図司2019）がある。さらに筒井（2021）は、都市農村交流の延長線上にある移住や田園回帰の動きに着目し、それらが新たな内発的発展の原動力となる可能性を数多くの実証的分析を踏まえて理論

的に考察している。

　以上概観したように、都市農村交流活動に関する研究は、少子高齢化・過疎化が進行する農山村の危機に立ち向かう理論と社会実装を伴いながら、農業経済学・農村社会学・農村計画学・地域経済学・地理学・観光学などの関連研究領域において進められているが、今後さらに以下のような視点からの研究の深化が期待される。

　第一は、「地域循環型」農工商連携という視点から都市農村交流活動の事業効果を可視化する研究である。農工商連携による地域活性化への期待は大きいものの、農以外の商工部門の事業者が同一地域に所在しない場合は雇用創出や税収確保等の経済効果が地域内に還流することはない。一方で、都市農村交流活動に象徴される地域資源を活用した着地型観光ビジネスにおいては、①安心できる新鮮な地場産農産物・加工品の販売（産地農産物直売所）、②地元食材を活用した郷土料理の現地提供（農家レストラン・提携地元飲食店）、③旬の時期における各種収穫・農作業体験（観光農園・地元インストラクター）、④農家での体験教育旅行受入時における食材調達や泊食（浴）分離対応（民泊受入農家・地元食料品店）など、概ねすべての経済活動に関わる利害関係者が地域内に存在することから、その効果が地域内にとどまる「地域循環型」農工商連携という性格を有している。したがって、それが持続的な地域づくりの土台となる「地域内再投資力」の構築にいかに寄与しうるのか、更なる研究が待たれるところである。

　第二は、ポストコロナ社会において期待される課題解決に対して、都市農村交流活動がいかに貢献しうるのかに関する研究である。SDGsの達成に向けた欧州型新戦略「グリーン・ディール」への対応は地球市民に問われている喫緊の課題である。レジリエントな「分散型社会」構築のためのシナリオを充実させる視点から、公正で持続可能なフードシステムの構築や食（消費）と農（生産）との関係を新たに結び直す「倫理」の必要性が問われている（秋津2018）。これについては、近年関連学会においてもバックキャスティングの視点からの学問的貢献のあり方が議論され始めており、今後益々研究の深

化が期待されるところである。

４．都市農村交流活動にみる食農連関の再構築

（１）教育旅行における農村生活経験とその後の関係性

　以下では、滞在時間の長さと反復性の高さから交流の「鏡効果」が大きいとされる都市農村交流活動の三つの形態（教育旅行における農村生活体験、農業体験農園、農村ワーキングホリデー）の事例をもとに、多様な都市農村交流活動が切り離された「食」と「農」との関係を繋ぎ直すことにいかに寄与しうるのかについて考えてみたい[5]。

　2000年以降、都市部の小・中学校および高校において、農村での滞在を目的とする「体験教育旅行」を導入する動きが拡がり、しかもその際には、農家に宿泊し農作業や農村暮らしを体験できる「農家民泊」の利用に対して期待が高まっている。農山村の側でも「子ども農山漁村交流プロジェクト（2008年）」の実施を機に受入体制の整備を図るほか、「農家民泊」の受け皿拡大に取り組んでいる。また、地方自治体においても、民泊開設時に旅館業法や食品衛生法などの法規制に対する緩和措置が受けられるような独自の認定制度を導入するなど、農家の初期投資軽減に資するべく支援している。

　当初、教育旅行の受入地域においては、着地型観光に取り組むことでの副収入増加等の経済効果が期待された。実際に、農家民泊の受入れにともなう「経済効果」を試算すると、一般に受入業務を行う中間組織や旅行会社へ支払う手数料等を差し引いて、受入農家が受けとる費用（１泊２日＋半日体験料×２日）は一人当たりおよそ8,000円程度とされる。着地型旅行会社（南信州観光公社）を設立し、体験教育旅行による農家民泊の受入実績が全国トップクラスを誇る長野県飯田市の場合でも、一回の教育旅行の受入許容人数４名に登録農家の年間平均受入回数（８回）を乗じて算出すると、農家民泊による副収入は年間25.6万円にすぎない。しかし一方で、食事提供にともなう食材調達が農家同士のやり取りや地元商店を中心に賄われることにともな

う地域内関連需要の増加、地域資源を活用した農業・自然体験プログラムの実施にともなうインストラクター需要に応じた地元雇用の創出などの地域経済へのメリットを考えると、農家民泊が農村の地域経済に及ぼす影響は決して小さくはない。

　また、都市住民の受入れを経験した農家の多くが、経済的なモノサシでは決して測ることのできない「効果」を得たと実感しているという点も重要である。例えば、「体験教育旅行の受入れを契機に住民と話し合う機会が増えた」（地域コミュニティの活性化）、「民泊の子供たちの再訪を年寄りが楽しみにしている」（高齢者の生き甲斐創出）、「農村の暮らしや生活を都会の子供や大人たちは"羨ましい"と感動してくれる」（農業・農村の日常性の中に潜む価値への"気づき"）等々、経済的指標のみで測ることが難しい農家民泊の「効果」を物語る声は枚挙にいとまがない。とりわけ、第三者の目線を通してみた"気づき"は、まさに都市農村交流の「鏡効果」の一つであり、経済成長過程で農村が喪ったふるさとへの「誇り」を取り戻すという意味において、これからの農村地域の再生手法を考える際の重要な手掛かりともなりうるものである。

　一方、実際に体験教育旅行に参加した児童の保護者・学校関係者からも、農家民泊は農家の"暮らし"や"こころ"が見える都会では得難い体験交流の場として総じて高い評価が寄せられている。さらに、受入地域と学校側とが連携して、事前・事後の教科学習との接続が充分に図られる場合には、農村での体験学習がさらに高い教育効果を発揮するなどの事例も報告されている（室岡2010）。このように、教育旅行における農村生活体験は、長期滞在が一般的とはいえ「B&B（朝食のみ提供）」あるいは「Self Catering（自家炊事）」を基本とする西欧諸国でのグリーン・ツーリズム（ファームステイ）とは異なり、日本独特の効果的な交流スタイルの一つとみることができる。

　第2期「まち・ひと・しごと創生総合戦略」（2018）は、東京一極集中の是正に向けた方策の一つに関係人口の創出・拡大を掲げ、将来の関係人口を育成する一環として「子供の農山漁村体験の充実」を重視している。近年、

若者世代を中心とする田園回帰志向の存在が指摘されるが、確かにここ数年、農業や農村に関心を持ち、問題解決に向けて自ら行動する学生が増えている。彼らにきっかけを訊ねると、小中高時代に体験した農山村での「体験教育旅行」を挙げる者が予想以上に多いことに驚くが、かつて政権交代時に"仕分け"の対象とされた「子ども農山漁村交流プロジェクト」の教育効果が、大学で学ぶ頃になって現れ始めていると考えてよい。農業・農村に対する理解と当事者性の醸成に「体験交流」が持つ意義は大きい。

（2）「農業体験農園」による農業者と利用者との連携・協働

「都市農業振興基本法（2015年）」の制定を機に、都市農業はかつての開発予備地としての残存的・経過的存在から都市に不可欠な要素としての位置づけを得るとともに、2018年制定の「都市農地の賃借の円滑化に関する法律（都市農地賃借法）」で生産緑地の賃貸借が認められたことで、流動化による農地保全の可能性も拡がった。

農業体験農園は、農園主自らが作付計画を作成、農作業に必要な資材等を準備し、定期的に利用者向け講習会を開催し農業技術の指導を行うという農園を指す。利用者からみると、利用料金（入園料と農産物収穫料）を前払いし、播種・植付・施肥・農薬散布・収穫等の一連の農作業を体験することに加えて、園主や利用者同士の交流機会を得ることができるという特徴があり、従来型の市民農園とは一線を画するものである。1996年に東京都練馬区で始まった農業体験農園であるが、都市農業を都市に不可欠な要素として位置づけた「都市農業振興基本法」の施行以降、都市農業の公益的機能（地産地消、交流創出、防災、景観創出、環境保全、食農教育）に対する市民理解を醸成するための有効な方策として関心を集めている。2022年現在、同区内に18農園（1,963区画）が開設されているほか、同様のコンセプトの農園が関東・九州をはじめ全国に129ヶ所開設されている[6]。

ここで、先発地である東京都練馬区の農業体験農園調査から、経営面・交流面からみた場合の農園の導入効果を、農家側と利用者側から各々整理する

と以下の通りである（藤井・稲葉ら2018）。まず農家にとっては、①高い収益性（同区では30㎡区画の年間利用料が5万円、各農園の平均区画数が約100であることから、栽培開始前に約500万円の収入が確保できる。さらに加えて粗収益から経営費を差し引いた所得率は約80％と他部門と比較して相当高い）、②労働効率の改善と農業経営の充実化（播種・植付・肥培管理・収穫選別・荷造り・運搬等の作業を利用者に任せることができ、園主自らは他部門の作業に従事可能となるなど労働効率の改善が図ることが可能）、③農業後継者の確保（経営主年齢50歳代未満：62.5％、農業後継者有：43.8％に見受けられるように、若手農業者の新規参入や後継者確保を含め経営の継承性が確認できる）、④利用者・近隣住民の農業理解醸成（住宅地に囲まれた環境下で営農存続する上で発生するさまざまな問題を円満に処理しうる条件が拡がるなど、食農教育の成果が確認できる）などのメリットに繋がっている。

　一方、利用者の側においても、①農園への愛着形成（年間20品目余に及ぶ野菜栽培講習会への参加と土づくりや播種から収穫までの一連の農作業を通じた利用者と園主との交流によって反復的交流が年間を通して実現しており、リピーター率は農園平均で87％と極めて高い）、②貴重な世代間交流・コミュニティ形成機会の獲得（余暇・交流・子育て等の多様な利用者ニーズの受け皿として機能するほか、余剰収穫物の「お裾分け」行動を通して既存コミュニティとの関係にも変化が生じている）、③食に対する意識変化（食卓に野菜が出る頻度が増えたなど食生活が健康的になったと実感するほか、家族で食料や農業に関する話題が増えた等の変化が生じている）、④都市農業の意義に対する認知度向上（公益的機能・役割に対する理解醸成）などのメリットを享受していると判断できる。

　農業体験農園においては、ひと月あたり6〜10回程度開催される栽培講習会や農園で収穫された野菜の家庭料理を各利用者が持ち寄って開催される収穫祭、さらには農園主催の各種イベント（料理教室、他産地等への視察研修旅行、防災訓練など）が定期的に実施されており、高いリピーター率に象

徴されるように農園利用者であることがアイデンティティの形成に繋がっている。さらには、園主との交流を積み重ねた経験豊富なリピーター層の中から、園主をサポートして農園を維持管理する役割をボランティアとして担う「農園サポーター」がほとんどの農園で形成されているなど、まさに「食」と「農」との関係性を繋ぎ直す新たなテーマ型コミュニティの構築が見受けられる。

（3）「農村ワーキングホリデー」を通じた当事者意識の醸成

　一般にワーキングホリデーは、国際理解の促進を目的に、海外での休暇機会とその資金を補うために一時的な就労機会を与える制度を指すが、農村ワーキングホリデーとは、1998年から日本国内で始まった「農林業や農山村に関心を持つ都市住民が農村で人手が不足する繁忙期に農作業を手伝い、農林家が寝食を提供する仕組み」を指す。先発の取組としては、長野県飯田市に代表される「無償方式」と宮崎県西米良村に代表される「有償方式」が有名であるが、農業・農村の担い手不足に悩む多くの市町村で導入が始まっているとみられる。

　観光目的ではない「対等平等の関係に基づくパートナーシップ事業」と位置付けられた飯田市の農村ワーキングホリデーは、毎年春と秋に「3泊4日」のプログラムを各2回実施している。開始当初（1998年度）は32名であった参加者数は順調に増加したものの、2008年度の560名をピークに現在は減少にあり、新型コロナウイルス感染拡大前の2017年度には360名となった。なお、受入窓口である飯田市役所が掌握する参加登録者数（2018年4月）は1,203名、受入農家数（同年）は121戸である。ただし、登録者数の60％にも及ぶリピーターの多くは自ら直接に馴染みの農家と連絡を取り、プログラム実施期間中であるか否かを問わず来訪するため、実際に同市内で農作業（援農）に従事する参加者数はこれをはるかに上回るとされる。参加者の年代は、「団塊世代」が大量に退職を迎えた2007年以降「60歳代」の夫婦または男性の参加者が増加傾向にあるが、開始当初から一貫して最も多いのが「20 ～ 30歳代」

の女性であることは興味深い。

　これら農村ワーキングホリデーは、農業・農村に関心を持つ都会からの参加者に対して移住に際しての"お試し機会（田舎暮らしに馴染めるか否かを判断する場）"を提供するとともに、受入側の地域住民に対しては"適性の見極め機会（受け入れても大丈夫か否かを判断する場）"を提供するという役割を果たしている。農村ワーキングホリデーへの反復的な参加を経験した都市住民が同市に移住（就農）する場合、受入農家がいわば"里親"となって、移住者の住まいや農地の確保、さらには集落内での信用力を付与する役目を果たしている。田舎暮らしの理想と現実とのギャップに愕然とすることなく、移住者の定着率が極めて高い秘訣はここにある。

　農村ワーキングホリデーによる事業効果は、農業振興（適期作業の能率向上、営農意欲の向上、事後的経済行為の発生）以外にも広範に拡がっている。例えば、定住促進（新規就農、他産業への「UJIターン」促進）については、平成18年から平成22年の5年間に市役所に寄せられた相談件数は847件。うち実際に「UIターン」したのは143件（225名）であるが、そのなかで21件（31名）を農村ワーキングホリデーに参加した経験をもつ新規就農者が占めるという。そのほとんどが20〜30歳代の単身者または夫婦で、地域農業の後継者としての役割にも期待が高まっていることは驚きであるが、もちろん移住者の仕事が「農業」であることにのみ意味があるというわけではない。実際に、農山村においては地域資源の活用や地域コミュニティの維持管理に関わる数多くの小さな仕事が存在し、移住者がそれらのネットワークに参加し始めることによって「地域づくり」の担い手としての存在感を高めていくものと考えられる[7]。

　飯田市発「農村ワーキングホリデー」の考え方は、その後共感を得て全国各地の農山村において多様な形で導入が拡がったほか、2017年には総務省が都市部の若者（大学生等）などが一定期間地方に滞在し、働きながら地域住民との交流や学びの場などを通して田舎暮らしを学ぶ「ふるさとワーキングホリデー」事業を開始した[8]。

近年、団塊世代の定年帰農（村）者のみにとどまらず、20～30歳代の若者たちを含めた多くの都市住民が、田舎暮らしや新しいふるさとを希求し行動し始めるなど、「田園回帰」の動きに注目が集まっている。また、東日本大震災を契機に、多くの人々が人とヒトとの繋がり（絆）や地域コミュニティに対する関心を高め、農業・農村に熱いまなざしを送りつつある。農村を反復的に訪問する（リピーター化する）など多様な経験交流を積み重ねたことをきっかけに、地域の課題に当事者意識を持ち始めた都市住民が、多様な関係人口として定着することは、たとえ移住・定住に繋がらなかったとしても重要な意味を持つ。さらに、農山村に固有な地域資源に価値を上乗せしていくためにも、これら"若者・よそ者"の発想や人的ネットワークの存在がカギを握るといっても過言ではない。

5．おわりに

　以上みたように、交流のタイプは異なるものの、教育旅行における農村生活体験、農業体験農園、農村ワーキングホリデーの各々において取り組まれている交流活動の成果として、①成長過程において農業・農村の課題解決に寄り添おうとする意欲（当事者性）の醸成が確認できるほか、その後のキャリア形成にも影響を与えうる重要な原体験となっている（農村生活体験）、②農作業や各種イベントへの反復的参加を通じて、農業の多面的機能・役割に対する深い理解が醸成されるとともに、体験交流活動を通じたテーマ型コミュニティが構築される（農業体験農園）、③ありのままの農業・農村体験の積み重ねを通じて、農村移住により農業・農村社会を支える、あるいは関係人口として新たな内発的発展に寄与するなどのキャリアを選択する（農村ワーキングホリデー）等が確認された。

　共通するのは、農村での農作業や生活体験を通した人とヒトとの繋がり（都市農村交流）が、「食」と「農」との関係の隔たりによって都会の生活では思いを馳せることができなくなっていた農業・農村が直面する課題や悩みに

対する共感を育み、結果として他人事ではなく自分事として考える（当事者意識を持つ）ことのできる人材を育成する機会を提供しているという点である。

　一方で、都市農村交流活動を通じた外部人材の受入は、農村にとっても、①非日常の眼差しを通じて、地域資源が有する固有の価値が顕在化する（“気づき”の喚起）、②農村内部の人材のみでは不足していたマーケティング、商品企画・開発、新規販路の開拓などに必要なノウハウや人的ネットワークの活用可能性が拡がる、③外部人材による地域の「なりわいづくり」活動を契機として地域コミュニティが活性化する等の変化をもたらしている。

　ポストコロナ社会が招致するニューノーマルが、レジリエントな分散型社会の構築であるとすれば、環境に配慮した循環型経済の実現に向けてエシカルな消費行動の選択を日常とする都市住民を多数育成することが肝要である。都市農村交流が有する教育機能の発揮には大いに期待したいところである。

注
1 ）1990年代からイギリスで行われている「Food Miles運動」を基にした概念で、食材の調達距離が短い食料を食べることが環境負荷の軽減に貢献するとして拡がった概念。
2 ）「コロナ禍における国内産地との取引意向」（日本政策金融公庫「食品産業動向調査」2020年）によれば、食品産業の 3 割が国内産地との取引を増やしたいと回答。理由をみると「販売先（消費者サイド）の国産志向の高まり等でニーズ増加」など需要拡大を挙げたものが最も多く49.8％、一方で「取引増加で国内農業生産の持続的発展に寄与していきたい」など地域貢献を挙げたものも32.5％見受けられた。
3 ）令和 2 年度「食料・農業・農村白書」p.280。
4 ）令和 2 年度「食料・農業・農村白書」p.234。
5 ）本文中の事例考察は、藤田（2012、2018）をもとに近年の補足調査を踏まえて再構成したものである。
6 ）全国農業体験農園協会調べ（2022）。
7 ）筒井・嵩ら（2014）は、移住者の農山村での起業・継業化の動きを「なりわいづくり」と捉え、農山村地域における新たな価値創造を図るうえで、移住者を地域づくり戦略の中に位置づけることの重要性を指摘している。
8 ）2018年10月時点で、採択団体は、20団体（18道府県）、これまでの参加者は2,300名を数える。

引用・参考文献

秋津元輝・佐藤洋一郎・竹之内裕文（2018）『農と食の新しい倫理』昭和堂.

青木辰司（2010）『転換するグリーン・ツーリズム』学芸出版社.

藤井至・稲葉修武・藤田武弘（2018）「農業経営・交流の両面からみた農業体験農園の役割」『農業市場研究』27（1），pp.12-21.

藤田武弘（2012）「グリーン・ツーリズムによる地域農業・農村再生の可能性」『農業市場研究』21（3），pp.24-36.

藤田武弘（2018）「観光をめぐる新たな潮流と地域農業・食料市場」『農業市場研究』27（3），pp.3-12.

藤田武弘・大井達雄（2015）「都市農村交流活動における経済効果の可視化に関する一考察」『観光学』12，pp.27-39.

藤山浩（2015）『田園回帰1％戦略』農文協.

橋本卓爾・山田良治・大西敏夫・藤田武弘（2011）『都市と農村─交流から協働へ』日本経済評論社.

岸上光克・辻和良・藤田武弘（2021）「農産物直売所における交流・体験活動の実態と課題」『農業市場研究』29（4），pp.8-14.

宮崎猛（2006）『日本とアジアの農業・農村とグリーン・ツーリズム』昭和堂.

室岡順一（2010）「農業体験学習における教育目標と児童の興味・関心の内容」『農村生活研究』54（1），pp.3-18.

中塚雅也・内平隆之（2014）『大学・大学生と農山村再生』筑波書房.

中塚雅也（2019）『拠点づくりからの農山村再生』筑波書房.

小田切徳美・橋口卓也（2018）『内発的農村発展論』農林統計協会.

大江康雄（2003）『農業と農村多角化の経済分析』農林統計協会.

大江康雄（2017）『都市農村交流の経済分析』農林統計出版.

佐藤真弓（2010）『都市農村交流と学校教育』農林統計出版.

霜浦森平・坂本央土・宮崎猛（2004）「都市農村交流による経済効果に関する産業連関分析：兵庫県八千代町を事例として」『農林業問題研究』155，pp.12-22.

田林明（2015）『地域振興としての農村空間の商品化』農林統計出版.

筒井一伸・嵩和雄・佐久間康富（2014）『移住者の地域起業による農山村再生』筑波書房.

筒井一伸（2021）『田園回帰がひらく新しい都市農村関係』ナカニシヤ出版.

山田伊澄（2016）『農業体験学習の実証分析』農林統計協会.

図司直也（2014）『地域サポート人材による農山村再生』筑波書房.

図司直也（2019）『就村からなりわい就農へ─田園回帰時代の新規就農アプローチ』筑波書房.

図司直也（2020）「都市農村対流時代に向けた地方分散シナリオの展望『農業経済研究』92（3），pp.253-261.

（藤田武弘）

第4章

外食・中食産業の調理・食材調達の変化

1．はじめに

　2019年時点での食の外部化率は50.2％（一般社団法人日本惣菜協会（以下、惣菜協会）2021）で、中食・外食は日本人の食生活には欠かせない存在となっている。2020年以降の新型コロナウイルス蔓延とそれにともなう生活様式の変化は消費者を外食から大幅に遠ざけたが、少子高齢化や女性の社会進出など、日本人のライフスタイルの変化はコロナ禍以降も加速すると考えられ、長期的に見れば今後も食の外部化が進むことが予想される。同時に、人口減少と高齢化によって食市場の縮小が進むことが懸念されている。狭隘化する市場の中で、食品製造業者、中食業者、外食業者は凌ぎを削っており、食競争は業界を超えて激しくなると考えられる。

　本稿では食市場を担う外食・中食企業の動向について、主に食材調達に着目しながら、既存研究での到達点と近年の動向を示すことを課題とする。まず、統計から業界全体の動向を概観し、農業経済分野の外食関連既存研究をレビューすることで、現時点での到達点を明らかにする。次に、外食企業の調理と食材調達様式の近年の変化を事例から明らかにし、今後を展望する。

2．外食・中食市場の展開と既存研究

（1）食市場規模の推移

　日本の食市場は、70年代～90年代前半にかけて急激に拡大し、1995年には およそ75兆円まで拡大した。その後緩やかに減少傾向を示していたが、2011年に66億円で下げ止まり、以降回復基調で推移し、コロナ禍の影響を受ける前の2019年度は、72兆円だった（日本フードサービス協会）。市場の業界別シェアについて、2007年からの変化をみてみると、内食が48.1から49.8％とほぼ横ばいを示す中、外食は39.2から36.0％へと若干シェアを落とす一方、中食が12.7から14.3％へと拡大している（**表4-1**）。

表4-1　食市場規模と内食・中食・外食シェアの変化

	内食	構成比	中食	構成比	外食	構成比	食市場規模
2007	301,521	48.1	79,491	12.7	245,908	39.2	626,920
2008	307,274	48.4	82,156	12.9	245,068	38.6	634,498
2009	312,009	49.6	80,541	12.8	236,599	37.6	629,149
2010	320,521	50.3	81,238	12.8	234,887	36.9	636,646
2011	316,273	50.4	83,578	13.3	228,282	36.3	628,133
2012	324,669	50.4	87,132	13.5	232,217	36.1	644,018
2013	331,831	50.2	88,962	13.5	240,099	36.3	660,892
2014	333,526	49.6	92,605	13.8	246,148	36.6	672,279
2015	349,909	50.0	95,814	13.7	254,078	36.3	699,801
2016	353,147	50.0	98,399	13.9	254,553	36.1	706,099
2017	358,074	50.0	100,556	14.1	256,804	35.9	715,434
2018	359,335	50.0	102,518	14.3	257,221	35.8	719,074
2019	360,402	49.8	103,200	14.3	260,439	36.0	724,041

出所：惣菜白書（2018、2021年版）より作成

（2）外食・中食産業の展開過程

1）市場成長期（1970～1980年代）

　ここで、外食・中食産業の展開を、歴史的に四つの区分（①市場成長期、②市場成熟期、③市場再編期、④コロナ禍）の区分に分けて整理する。

　日本の外食・中食企業は、1970年代から多店舗展開が急速に進んだ。高度

経済成長下における国民一人当たり所得の伸びと、国民に食事を楽しむ経済的余裕が生じたことが市場拡大の背景にあるが、同時に多くの企業がこの時期にフランチャイズ・システムと「調理の外部化」による効率化を実現したことによって外食企業が大きく成長したことが要因となっている。個人店では前処理から主調理、盛付、サービスに至るまでを店舗内で行うが、チェーン化した企業ではセントラル・キッチンの設置（カミサリー・システム）や、食品製造業者と提携することで、前処理や主調理部分を店舗外で行い、店舗内で行う作業スペースと時間を大きく短縮させ、人件費と都市部における店舗スペースを節減しながら、低価格で同一品質の料理を顧客に提供することが可能になった（岩淵1996；清野2021）。

2）市場成熟期（90年〜2000年代）

　90年代に入ると、外食の売上は停滞傾向を示すようになる。1997年をピークに市場規模は縮小し始め、外食企業では競争が激化し、それまでとは異なる差別化戦略が求められるようになる。一方、節約・低価格志向、単身世帯の増加や家事労働節約のための簡便化志向が強まり、中食が増加傾向を示すようになる。中食市場の台頭によって、外食企業や食品製造業者も中食に参入し、とくに健康志向で、安全・安心な惣菜を提供するチェーン店が躍進した。

　チェーン化が進むにつれて、1980年代から2000年代前半まで、原料の安定供給が容易な輸入原料が利用されてきたが、2000年代の後半ころから国産への回帰が始まる。その背景に、2008年に起きた中国製冷凍ギョウザ事件などの不祥事により食の安心・安全への懸念が高まったこと（高城2019）、海外での人件費増や円安が進んだことで輸入品の価格が高騰したこと（伊藤2015）などが指摘されている。1990年の国産野菜の仕向け先は、加工業務用が51％、家計消費用49％で、90年代にはすでに加工業務用が家計消費用を上回っていたが、この傾向は近年さらに加速しており、2015年時点での主要野菜の加工・業務用需要割合は57％に上ると言われている（小林2018）。

3）市場再編期（2010年代〜）

　2010年代は、2000年代前半からつづく外食企業間の競争の激化により企業淘汰が進み、大手企業が市場シェアを拡大させた。売上上位100社の店舗売り上げは、1981年時点では1兆6,417億円で、全体の10.5％を占める程度だったが、2019年には5兆3,192億円に達し、市場占有率は23.2％となっている[1]。

　一方、中食業界は、コンビニエンスストア（CVS）が2010年以降惣菜事業を強化しており、圧倒的な商品開発力とドミナント戦略に象徴される全国各地への積極的な出店戦略を活かして市場シェアを拡大させた（岩佐2021）。中食市場の業態別市場規模について、惣菜協会の調査結果からみてみる（図4-1）。2004年、最も占有率が高い「専門店」が占める割合は32.7％だったが、2020年には27.8％までシェアを落としている。また、「百貨店」も6.1％から3.0％まで低下している一方、「CVS」の割合が拡大している。既述のように、CVSはとくに2010年代からシェアを拡大しており、2004年の27.1％から5ポイント上げて、32.1％となっており、全体の1/3を占めるまでになっている。

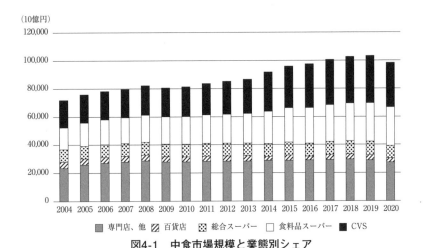

図4-1　中食市場規模と業態別シェア

資料：2021年版惣菜白書

4）コロナ禍

　2020年以降、コロナウイルス蔓延によって外食は市場規模を大きく落とし、2020年の全国の外食売上は、前年比84.9％となっている（日本フードサービス協会2021）。多くの外食店では、テイクアウトやデリバリーなど、店舗外でのサービス提供対応が進んだ。中食は、2020年の市場規模は9兆8,195億円で、2019年の10兆3,200億円と比較して95.2％にとどまった（日本惣菜協会2021）。中食が振るわなかった理由として、保存がきく食品の消費が伸びる中で、賞味期限の短い惣菜類が選択されにくかったこと、ブッフェ形式による提供が感染リスクを高く感じさせていたことなどがあげられている（道畑2021）。

　このように外食、中食が停滞する中、ステイホームの浸透によって内食は堅調に推移した。家計調査から品目別の消費支出をみてみると、食料支出全体が減少を示し、中でも外食が大幅に減少（2010年を100とした場合、75.6まで低下）する一方で、2019年から2020年で大きくポイントを伸ばしているのが「冷凍食品」「つゆ・たれ」「その他調味料」で、家で過ごす時間が増える中、簡単に味付けができる調味料やミールキットの消費が増加している（**表4-2**）。コロナ禍前からの簡便化志向で、こうした商品は大手食品製造業者が資本を投じて商品開発を行っており、単価を下げた大量生産が可能になっている。

　食市場は、内食・中食・外食の境界が融解しつつあり、内食向けキットを提供する大手食品製造業者、中食業者、外食と、業界を超えた競争が激化しつつある。

表4-2　新型コロナウィルス感染症により影響が見られた食料品目（2020年対前年比率/2人以上世帯）

	増減率（％）
パスタ	25.3
即席麺	19.3
生鮮肉	10.3
冷凍調理食品	15.9
チューハイ・カクテル	33.3
食事代	−25.4
飲酒代	−53.9

資料：家計調査年報より抜粋
注：2020年平均の値

（3）農業経済分野における外食・中食産業関連の既存研究

1）外食産業の動向に関する研究

　初期の90年代〜2000年前半にかけては、外食産業のチェーン展開と調理の外部化に関する研究が行われてきた。外食産業の展開について包括的に論じたものとして、岩淵（1996）がある。岩淵（1996）は、本来外食店に内在している食材の仕入れから調理の提供までが同一店舗内で完結する「自己完結型技術体系」が、セントラル・キッチンの設置による企業内分業や、仕様書発注による企業間分業によって分業関係が生じ、集中調理される「開放型技術体系」、いわば「調理の外部化」という技術革新を生み出したと指摘している。神山（1996）は、チェーン型外食店の特徴として、①郊外ロードサイドでの多店化、②店舗リース方式、③工販分離（岩淵の言う「調理の外部化」と同意）、④アルバイト・パートの戦力化、の4点を上げ、これらを強力に推し進めた企業が今日のメジャー外食企業になり得たと述べている。一方で、仕様書発注システムは食品製造業者の支配下に置かれやすく、画一的な製品提供に陥ることを指摘し、集中調理部分と、それでは実現し得ない店舗での最終調理部分が有機的に結合することが必要であると述べている。

　また、外食企業の経営展開に着目した研究として、小田（2004）、蔵冨（2014）、蔵冨（2015）などがある。小田（2004）は、90年代に外食市場が成熟化したことで、店舗ライフサイクルが短くなっており、外食企業は商品・サービスの差別化や業種・業態の多様化によって差別化戦略を強化しているとしている。蔵冨（2014）、蔵冨（2015）は日経新聞社の調査結果を用いて、売上上位100社の動向に着目し、外食企業が優良企業として繁栄し続けることができる期間は一般企業より10年ほど短い20年程度であることを明らかにしている。その背景に、長年営業することによってビジネスモデルが時流に合わなくなる、店舗が陳腐化し、老朽化することなどを上げており、こうした外食企業の趨勢と設備投資の状況は、外食企業と取引を行う関連産業にも影響を与えている。

2）中食産業の動向に関する研究

　一方、中食を取り上げた研究は、初期のものとして堀田（2007）などがある。堀田（2007）は2000年代初頭段階での中食の市場規模や企業動向を整理している。木立（2015）では、中食産業全体のサプライチェーン毎の市場規模、その業種・業態の多様性が指摘されている。2010年以降の中食研究で注目されるものとして、中食業者としてのCVSと、CVS関連企業に関する研究がある。CVS本体の事業戦略等に関する研究は蓄積されているが、中食供給主体としてCVSが注目されるようになったのは比較的最近である。田中（2010）は、セブン-イレブンの事業を中心に、CVSの中食事業について分析しており、CVSで取り扱われる食品の多くがNB商品である一方、中食商品はPB商品で、中食こそがコンビニの業態を決定づけているとしている。一方、岩佐（2021）は、CVS中食を製造するベンダー業界の構造に切り込んだ分析を行っている。ベンダーはCVS本部に従属的であることに加え、ベンダー間競争で業界再編が進行しているが、大手ベンダーでも低収益、高リスク構造から抜け出すことができない構造問題を指摘している。

3）業務用青果物取引に関する研究

　次に、とくに農業部門と関係が深い原料調達について、青果物を中心に関連研究を整理する。

　90年代には、市場が成熟化する中で、一部のチェーンが採用した「特別栽培農産物」など安心・安全な原料による差別化と農業生産者との連携に関する研究が行われた（小田2004；斎藤2003など）。外食・中食産業の調理部門、調達企業（部門）と産地の連携関係に関する研究は、斎藤（2003）、斎藤・張ら（2008）、斎藤・清野（2014）、斎藤・清野（2015）などがある。また、2009年に農地法が改正され、一般企業が農業に参入することが可能になったことで、外食の農業参入が進み、斎藤・清野（2013）、坂爪（2015）、堀田（2017）などの事例研究が行われている。農業に参入する外食企業の多くは原料農産物の調達を目的としているが、人材育成効果や産地資源の利用などさまざ

な効用があることが明らかにされている（池田2018；大仲2019）。

　2000年代の後半ころから業務用でも国産需要が高まったことにより、国内産地と外食企業の取引が注目されるようになる。業務仕向は一般家庭仕向と需要が異なるため、従来型の卸売市場流通ではこうした外食産業の要求に答えることが難しく、業務用向けに独自の調達システムが構築された。2000年代後半から、こうした外食企業と産地の取引に関する研究が増加する。

　産地と直接取引を行う企業も存在するが、近年、産地（生産者）と実需者の間で、数量、品質、時間を調整する役割を担う中間業者の存在が重要視されており、中間業者を介した調達システムに関する研究が蓄積している。安村（1997）は、このような中間業者を介した原料野菜調達システムの機能として①年間を通じて野菜の供給量を一定に保ち、②必要に応じた発注であるため野菜カット業者や惣菜ベンダーにおける廃棄ロスが少なく、③価格や品質・味を統一することができ、④産地との契約栽培・規格外品の利用や市場マージンの節約等によりコストが削減できる、という点を評価している。坂（2012）は業務用青果物流通の中間業者として戦略的に市場参入を行っている卸売業者をとりあげ、その経営戦略を詳細に分析している。

　また、中間業者は、実需者ニーズに対応するため産地予冷施設や物流網を整備するなどの対応を行っている（有井2018）が、一方で外食・中食企業に食材を供給する産地側も対応が進んでいる。伊藤・石川（2014）、澁谷（2018）、坂・小松ら（2010）、坂・小松ら（2011）で産地側の対応を明らかにしている。林（2015）は、秋田県産の野菜を事例に、外食チェーン、中間流通加工者、産地それぞれのサプライチェーン上での役割と戦略を分析している。さらに、物流を含む流通加工の産地側の対応として、佐藤（2021）ではカット加工対応、個装対応、冷蔵貯蔵設備の設置、安全性基準対応などが図られていることが明らかにされている。

　一連の研究から、一般家庭用と業務用青果物の需要の相違は**表4-3**のようにまとめることができる。業務用で使用される原料は、品質面では歩留まりを良くするため大型選好（坂2012）で、流通面では定時、定量、安定価格で

表4-3　生食用と業務用青果物需要、取引形態の相違

		生食（内食）用	業務用
商品形状	形質	外見重視	熟度、色など内実重視
	規格	等級が多い、中・小規格選好	規格数が少ない、大型選好
	荷姿	小分け包装	無包装またはコンテナ
	加工度	原体が基本	前処理が必要なことが多い
取引方法	仕入れ方法	卸売市場経由多い	契約取引が多い
	精算方法	毎日精算、短期決済	中期決済
	価格形成	日々変動	長期一定価格
	品揃えとロット	多品目、少量仕入	小品目大量仕入
栽培方法		規格統一、外見重視、労働集約型	歩留まり重視

出所：坂（2014）p.29、伊藤（2015）p.141 より作成

供給される必要がある（小林2006）。さらに、外食の仕入れに関しては、①個店1回あたりの仕入れが極めて多品種少量である、②前処理が必要である場合が多い（食品製造業者と同様）、③メニューが決まっているため、食材は一定期間、一定量、一定品質、一定価格であることが求められる、④発注から納品までのリードタイムが短い、などが指摘されている（伊藤2015）。

3．近年の外食企業の調理・食材調達の変化

（1）A社の概要

　これまで見てきたように、市場再編期～コロナ禍で企業間の競争はよりいっそう激しくなっている。また、原料調達に関しては、中間業者、産地は業務用対応を進めている。本節では、このような状況下で、外食企業が調理方式や食材調達方式をどのように変化させているのか、事例から明らかにする。

　A社は全国にチェーンで居酒屋を展開しており、居酒屋業態を主とする企業ではトップレベルの売上を誇る大手企業である。2013年度に売上高163億円を記録して以降、売り上げは低迷傾向にある。国内外食事業だけみてみると、そのピークは2006年でその後約10年間減少しており、2015年頃から横ばい傾向が続いていた（図4-2）。国内店舗数は、2013年の722店舗から、2020年には544店舗まで減少しており、2021年にはさらに撤退が相次いだ。外食事業が低迷する中、積極的に新しい業態を模索し、チェーンブランドを立ち

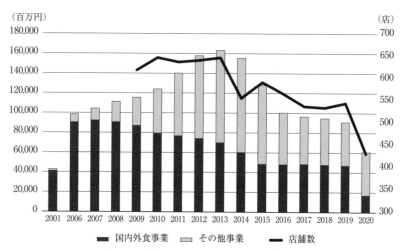

（百万円）　　　　　　　　　　　　　　　　　　　　　　　（店）

図4-2　A社の売上と国内外食店舗数の推移
資料：A社有価証券報告書より筆者作成

上げる一方、宅食事業など業界を超えた多角化にも力を入れている。

（2）2017年までの調理体制・食材調達

　A社は2001年に有限会社の農地保有適格法人を設立し、農業生産に参入している。安心・安全な野菜の確保が目的で設立されており、JGAPを取得した農場を全国に10農場（630ha）保有していた（2020年時点）[2]。直営農場以外にも、生産者育成のため、全国100名以上の生産者と契約取引を行い、農家への発注、調整、前処理を自社で行うことで、生産から調理加工、外食としての食事提供までトータルに行ってきた[3]。

　自社農場や各契約農家から集められた野菜は、一旦都内の地方卸売市場内に設置された自前のグリーンセンターに集められ、不足分を市場から調達し、過剰分を市場で販売するという調整が行われていた。その後、国内に2カ所設置されていたセントラル・キッチンへ納品され、主調理およびピッキングを行い、業者から納入された食品類と併せて、各店舗に向けて配送が行われていた[4]。通常店舗への配送は毎日で、夜店舗から発注したものが翌日夕方

には配送されていた。

(3) 2017以降の調理体制・食材調達の変化

　A社では①店舗が急速に増加したことで、物量が増え、加工する品目が増加、多品目を少量ずつ加工しなくてはならず、生産性が落ちたこと、②セントラル・キッチンを物流センターとして併用するには手狭で、バックヤードの広さが増加した物量をさばくのに見合わなかったこと、③セントラル・キッチンへの追加投資が必要と認識されながら、外食部門の売上が長期的に低迷傾向にあり、コスト削減が求められていたこと、などから、**図4-3**のように2017年に生産・集荷・調整・調理・物流体制を組みなおしている。

　具体的には、グリーンセンターを廃止、集荷・調整業務、店舗ピッキング機能をX社に委託、セントラル・キッチンを食品製造業者Yに譲渡し、店舗配送も物流業者Zに委託した。

　X社は、ホールで扱う青果物の調達、カット加工、店舗ピッキングを行う。基本的にA社が直接取引を行っていた産地を指定して仕入れを行っており、

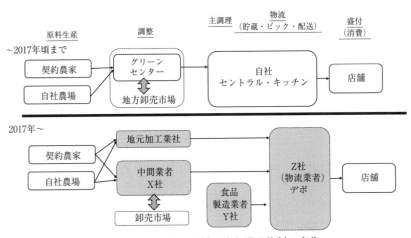

図4-3　A社の食材調達と調理体制の変化

　　資料：聞き取り調査より筆者作成

各産地は例年の発注に基づいて出荷計画を提出し、過不足をX社が卸売市場で調整する。A社の農業生産法人は指定産地に含まれるため、X社に農産物を納品（販売）する、1出荷者になる。

　主調理部分は、セントラル・キッチンを譲渡したY社に委託している。前処理済みの食材はA社が契約している物流会社Zの配送拠点（デポ）に運ばれ、店舗ピックされた青果物、前処理加工済み食品、その他食品類と併せて、各店舗に配送される。物流機能を委託したことで、発注から納品までのリードタイムを＋1日とし、前々日夜に発注し、翌々日に配送される形とした。

　こうした2017年以降の調達、調理体制の変化により、調達部門では①生鮮より安定的に調達できるカット野菜の利用率上昇、②契約農場や自社農場との取引品目、取引量の減少、などの変化が見られた。農場と調理場間の調整を外部委託することで、過不足調整（とくに過剰時の対応）が難しくなり、契約農場や自社農場から出荷する割合を見込み需要量の80％程度に留めて、残りはX社が市場調達によって調整している。自社農場では、地元加工業者に委託してカット・冷凍加工することで保存性を高め、内部出荷を増加させるなどの対応をとっているが、2020年時点で、契約栽培と自社農場からの出荷率は55％に留まっている。

（4）コロナ禍の変化

　店舗での売り上げが大幅に減少したことで、毎日行っていたデポから店舗への配送を2日に1回に減便している。また、生鮮品はほとんど一次加工が施された状態で店舗に納品されていたが、劣化しやすい葉物野菜などは一部ホール状態での納品に戻し、店舗でカットするなどの対応をとっている。全体として取扱量が著しく減少しているため、契約生産者でも納品を受けられない状態になっている。

（5）小括

　A社では、食材の調達、調整、前処理、主調理、店舗ピッキング・配送を自社で内部化してきたが、2010年代中頃から徐々に外部化を進めてきた。その背景には、外食業界の激しい競争とコスト圧、店舗数の短期間での変化など、外食業界特有の市場特性が影響している。調整・貯蔵を外部委託することで、A社が在庫調整を行うことができなくなり、契約農家や自社農場では、外部販売や一次加工して貯蔵性を向上させる等、生産者レベルでの調整がより強く求められるようになっている。

４．終わりに

　本稿では、外食・中食産業の展開過程と農業経済関連の既存研究からその到達点を明らかにし、近年の外食企業の食材調達の変化についてまとめた。

　まず、食市場全体の傾向として、近年回復基調にあったものの、長期的に見れば市場全体が縮小することが予想されており、さらに昨今のコロナウイルス蔓延による生活様式の変化は、内食・中食・外食の枠組みを超えた競争を激化させていることが明らかになった。

　次に、これまでの研究から、外食企業は、80年代からチェーン化と多店舗展開によって調理・調達部門を再編させており、中食ではコンビニが2000年以降台頭していること、業務用向け青果物の生産と流通対応が進んでいることなどが明らかになった。また、業務用食材の調達に関して、専門に行う中間業者が展開している一方で、産地でも対応が進んでいる。

　最後に、2010年以降〜コロナ禍における変化として、大手外食企業では保管、ピッキング、配送等も外部化が進んでいることが事例から明らかになった。これにより、産地側では契約生産量、種類の減少などの変化が見られ、産地段階での一時加工などの対応を迫られている。

　90年代から外食産業の展開とともに進んだ業務の細分化と社会的分業は、

近年さらに深化しており、在庫リスクや整備の維持費などの固定費を減らす目的で、全国展開するチェーン店を中心に進んでいる[5]。食産業内での競争激化とコロナ禍による打撃によって、大手企業では今後もさらにこの傾向は進む可能性がある。また、本研究では十分検討することができなかったが、食材調達は業務委託先の食品製造業者や中間業者と外食企業の関係性にも影響を受けると考えられることから、サプライチェーン全体の動向に注視する必要があるだろう。

注
1）日本経済新聞社「日本の飲食業調査」による。
2）2021年にはそのうち4カ所を地域の生産者等に譲渡し、新しく取得した1カ所を含めて合計7カ所（584ha）で営農活動を行っている。
3）本体の外食規模に対して農業部門が非常に小さく、契約栽培と自社農場の野菜だけでは全国に展開する外食店舗すべての需要を満たすことができないため、不足分は市場取引で補ってきた。
4）A社は全国に外食店舗を持っており、関東、関西などセントラル・キッチン近隣地域は直接セントラル・キッチンから配送され、その他遠隔地はサテライトを経由して配送されていた。
5）「飲食店の外注　加工工場紹介　スパイスコード、調理効率化」『日本経済新聞』2021年8月10日付。

付記
本研究は、JSPS科研費（JP18K05851）の支援を受けたものです。

引用・参考文献
有井雅幸（2018）「デリカフーズの業務・加工用野菜の取り組み」『農産物流通はいま』農政ジャーナリストの会.
堀田宗徳（2007）「最近の中食の動向」『日本調理科学会誌』40（2），pp.104-108.
堀田宗徳（2014）「カット野菜の需要拡大を背景とした関係者の連携―「野菜のサブウェイ」をさせる中間業者と生産者―」『野菜情報』128，pp.25-33.
堀田宗徳（2017）「自社農場所有の外食企業の野菜調達の現状」『野菜情報』156，pp.44-53.
池田真志（2018）「外食チェーンによる生鮮野菜の周年調達体制の構築と農業参入の意義」『拓殖大学経営経理研究』112，pp.207-225.

伊藤和子・石川志保（2014）「宮城県における加工・業務用キャベツ生産の現状と課題」『東北農業研究』67，pp.137-138.

伊藤匡美（2015）「フードサービスと流通」日本フードサービス学会編『現代フードサービス論』創生社，pp.127-150.

一般社団法人日本惣菜協会（2021）『2021年版惣菜白書―拡大編集版―』

岩渕道生（1996）『外食産業論』白峰社.

岩佐和幸（2020）「中食の成長とコンビニベンダーの事業展開―岐路に立つ従属的発展―」『立命館食科学研究』3，pp.53-76.

神山泉（1996）「外食産業の傾向」『日本調理科学会誌』29（2），pp.150-154.

木立真直（2015）「中食産業の重層性とこれからの経営戦略の課題」一般社団法人日本惣菜協会『中食2025　中食・惣菜産業の将来を展望する』pp.60-68.

清野誠喜（2021）「外食産業の構造変動」大浦裕二・佐藤和憲編著『フードビジネス論』ミネルヴァ書房，pp.72-82.

小林茂典（2018）「加工業務用需要の動向」『農業と経済』84（10），pp.132-141.

蔵冨幹（2014）「外食産業の変遷と現状」『名古屋文理大学紀要』14，pp.143-150.

蔵冨幹（2015）「外食産業の企業寿命に関する考察」『名古屋文理大学紀要』15，pp.55-60.

眞鍋邦大・中塚雅也（2018）「産地と外食企業の連携による飲食店事業の展開と課題」『農村計画学会誌』37，pp.176-182.

中道富美（2021）『外食・中食との比較における惣菜の現状と可能性』一般社団法人日本惣菜協会『中食2030　ニューノーマル時代の新たな「食」を目指して』pp.33-40.

小田勝巳（2004）『外食産業の経営展開と食材調達』農林統計協会.

大仲克俊（2019）「中食・外食企業の農業参入理由と効用構造」『農業経営研究』57（2），pp.107-112.

坂知樹・小松泰信・横溝功（2010）「カット用野菜の契約栽培に取り組む産地の対応と課題」『農林業問題研究』46（2），pp.254-259.

坂知樹・小松泰信・横溝功（2011）「業務・加工用野菜の普及による産地振興とJAの役割」『農林業問題研究』47（2），pp.278-283.

坂知樹（2012）「国産業務・加工用野菜の生産・利用拡大に向けた卸売業者の経営戦略」『農林業問題研究』48（2），pp.260-256.

坂知樹（2013）「JAと食品関連業者による協働型業務・加工用野菜産地の形成と展望」『農林業問題研究』49（2），pp.362-367.

坂爪浩史（2015）「小売・外食企業の成長と農業参入」食農資源経済学会編『新たな食農連携と持続的資源利用』pp.57-66.

櫻井清一（2018）「都市部・都市近郊における野菜産地の動き―千葉県北西部における新たな取り組み」『農業と経済』84（10），pp.80-85.

佐藤和憲 (2016)「野菜フードシステムの構造変動」斎藤修監修『フードシステム革新のニューウェーブ』日本経済評論社, pp.48-61.

佐藤和憲 (2020)「産地における青果物の加工・保管・輸送対応の現状と課題」『農業市場研究』29 (3), pp.15-24.

斎藤文信 (2003)「農業と外食産業の提携関係-農事組合法人とファーストフードチェーンM社の提携関係を事例として―」『農業経営研究』41 (2), pp.50-54.

斎藤文信・張秋柳・清野誠喜 (2008)「外食企業における野菜調達の多様化と特徴:産地ネットワーク型取引と直接型取引」『流通』27, p.87.

斎藤文信・清野誠喜 (2013)「フードサービス業による農業参入に関する一考察」『農林業問題研究』190, pp.148-153.

斎藤文信・清野誠喜 (2014)「フードサービス業におけるバイヤー機能を構成する要素の担い手の変化」『農林業問題研究』50-2, pp.185-190.

斎藤文信・清野誠喜 (2015)「中食企業におけるバイヤー機能とメニュー開発・調理の関係―集中調理施設の有無とチェーン規模に着目して―」『農林業問題研究』51-2, pp.146-151.

澁谷美紀 (2018)「大規模経営の直接販売における外食用米マーケティング」『農業経営研究』56 (2), pp.59-74.

高城孝助 (2019)『外食・中食産業のマーチャンダイジング』(公社) 日本フードスペシャリスト協会編『三訂 食品の消費と流通』pp.59-69.

田中浩子 (2010)「中食事業としてのコンビニエンスストア―セブンイレブン・ジャパンの事例を中心に―」『立命館大学経営学』49 (1), pp.83-103.

安村碩之 (1998)「調理の外部化と青果物食材をめぐるフードシステム」『フードシステム研究』5 (2), pp.45-48.

(高梨子文恵)

第5章

食品産業における原料調達行動
―開発輸入先の広域化に関する考察―

1．食品産業に関連した本学会の研究成果の整理
―2010年以降を対象に―

　食品産業は、食品製造業、食品卸売業、食品小売業、外食産業（飲食業）を包含した総称である。農業経済学分野では、主として食品産業の各構成主体の仕入れや販売に関する企業行動を対象とした研究が行われている。これらの行動は利潤獲得に直結するものであり、いわば、食品企業の本業にあたる。こうしたことから、その実態の解明のほか、企業の持続可能性を担保するうえで解決が不可欠な課題の発見や、抱える課題の解決に寄与する先駆的な方策およびその存立条件等の検討が行われてきた。

　ただし、本学会に限らず、依然として研究成果の数はそれほど多くない。それは、①対象が企業となるため、統計資料も含めてそもそも詳細なデータの入手が困難である、②企業が属する各業界には、商慣習等の特殊性が存在するケースがあり、それらを踏まえて実態を深く把握することが難しい、③先述の①および②の存在を背景に、研究方法はケーススタディを用いることが多く、その際には選定した事例の妥当さを担保することや、対象とする事象の学術的な位置づけおよび解釈が容易では無い、といった要因が存在するからである[1]。

2010年以降の食品産業に関する研究成果に着目すると、日本農業市場学会では次の三つの観点から成果が蓄積されている。第1に、海外の食品産業およびその仕入先となる産地の実態に関する成果である。この区分には、日系企業や日本向け輸出とは直接的に関係のないテーマが該当する。これらは個別散発的に研究が行われている傾向にあるが、中国に関するものが圧倒的に多い。このうち、成果が複数蓄積されているのは、乳業に関連するものであり、鳥雲塔娜・福田ら（2012）、戴・矢野（2012）、戴（2016）、鄭・戴ら（2020）があげられる。これらの研究は、海外事情の把握にあたり有益である。

　第2に、日本の食品産業の国内での仕入・販売活動に関する成果である。この区分では、ア.）市場構造に対応する企業行動の実態に関するテーマ、イ.）原料の生産から販売に至る過程を対象に、地域内連携の観点から考察を行っているテーマが該当する。ア.）については、構成主体横断的に、かつ継続性がそれほど意識されない形で研究が行われている傾向にあるが、食品小売業のスーパーマーケットに関しては成果が多く蓄積されている。寡占化が進むなか、青果物の調達システムを取り上げたSakazume（2011）、Sakazume（2013）、Sakazume and Takanashi（2016）や、青果物の直接的な取引における取引慣行や条件を産地対応の観点から着目した佐藤・木立ら（2016）、佐藤（2020）等があげられる。前者のSakazumeを中心とした成果では、競争力確保の観点やリスク分散の観点から各スーパーマーケットが青果物の調達にあたり、出店エリアに応じて地区分けを行いバイヤーの配置をするとともに、地域内外の卸売市場から仕入れをどのように組み合わせているかの傾向を明らかにしている。そして、後者の成果では、センターフィの支払いや特売等による値引き要求が商慣習として存在すること、業態によって出荷規格や納品方法が異なること、大手の場合、商品の安全管理や生産工程管理が取引条件となる等の実態を明らかにしている。これらの成果は、スーパーマーケットの取引先となる各主体の意思決定に影響を与える事実が示されている点で有益である。イ.）に関しては、比較的共通した観点から複数の成果が蓄積されている。例えば、漬物製造業者の原料調達とJAの役割

に着目した澤野・大江（2015）、大手コンビニエンスストアによる青果物の調達・販売の可能性を取り上げた船津・菊地（2019）、業務用卸売業者をチャネルリーダーとした小規模野菜産地のサプライチェーンに焦点を当てた船津・菊地（2020）、日本短角種の産地マーケティングを取り上げた菊地・岸上（2020）があげられる。これらの研究は、農畜産物、食品の場合も事業の持続・発展にはステークホルダー間でWin-Winの関係の構築が不可欠なことや、この関係性の構築には仕組みづくりが必要である旨を把握するのに有益となっている。

　第3に、日本の食品企業による海外産地での仕入・販売活動および日本向け輸出産地の動向に関する成果である。日本の食品企業による海外産地での仕入・販売活動については、現地（海外産地）での仕入活動と、現地生産・現地販売の海外展開といった二つのテーマが該当する。このうち、海外展開については本巻の別章で論じるため、ここでは前者に限って言及すると、ポジティブリスト制度が施行されて間もない時期の中国を対象に、残留農薬問題を意識した商社の仕入活動を取り上げた西村（2010）の成果に限られる。そして、日本向け輸出産地の動向に関しては、中国産冷凍野菜の輸出価格高騰の主原因が残留農薬問題に係る費用よりも人件費によるところが大きいことを明らかにした菊地・竹埜ら（2012）、品質問題が発生して生協と間接取引となったタイ産バナナの産地の課題について論じた大木（2011）、中国茶の対日輸出産地の再編過程を明らかにした根師（2011）にとどまる。過去、この区分については、農業経済学関連の学会でも日本農業市場学会がリードする形で成果が蓄積されていただけに、近年は後退している感が否めない[2]。しかも2000年代初頭に、わが国でBSE問題や残留農薬問題等の食品安全問題が生じた際、海外産地でいつ、どこで、だれが、どのようにして生産しているかを詳しく理解できておらず、当時大きな混乱が生じるとともに、事態の改善に至るまで一定期間を要したことを踏まえると、継続的に研究を行っていくことの必要性が示唆される。こうしたことから、今後、食品産業関連に関するテーマの中でもとくに力を入れていくことが期待される区分と考えら

れる。上記の問題意識を踏まえ、以下では次の課題を設定する[3]。

2．課題の設定

　わが国の食市場には、既に多くの輸入品が流通している。そして、近年においても拍車がかかっている。2005年と2015年を対象に、農林水産省「農林漁業及び関連産業を中心とした産業連関表」より飲食費のフローの変化をみると、増加率は輸入食用農林水産物で32.3％、輸入加工食品では31.5％となった。食料品の輸入額は、食用農林水産物で１兆5,980億円、加工食品で７兆1,940億円と、後者が4.5倍多い（2015年）。同年の加工食品の仕向け先のフローをみると、とくに割合が高いのは、最終消費（加工品）向け（２兆9,400億円：40.9％）、食品製造業向け（１兆7,440億円：24.2％）、外食産業向け（１兆5,600億円：21.7％）となっている。これらから明らかなように、輸入加工食品は、とりわけ食品製造業、食品小売業、外食産業の諸活動に不可欠な原料となっている。

　財務省「貿易統計」より野菜加工品の輸入動向をみると、2018年は過去最高水準にあり、ますます存在感を高めている。なかでも中国からの輸入は、形態別にみても多様な品目で圧倒的なシェアを維持している。この事実からは、日本の食品産業に不可欠な原材等の調達にあたり、大きな問題は生じていないと推測できる。ところが、野菜加工の形態で最も輸入量が多く、かつ開発輸入の代表的な品目である冷凍野菜では、菊地（2013）が明らかにしているように、2010年頃より中国の日本向け輸出量の大幅なシェア低下に伴い、日本側の交渉力が弱体化する形で主体間の関係変化が生じている。そして、そのことを一因に、日本向けの輸出単価は、他国向けの輸出単価に比較して、大幅に値上がりしている。

　一方、中国産冷凍野菜の主要販路となる日本国内の業務用市場（外食市場と中食市場の合計）では、外食企業が消費者動向に合わせて低価格化（値下げ）を進展させたことを要因に市場規模が縮小しているため、輸入商社や食

品卸売業者は輸入価格の上昇分をそのまま販売価格に転嫁して販売するのが容易ではなく、厳しい影響を受けている[4]。

　こうした市場構造の変化を受けて、日本を代表する大手冷凍野菜開発輸入業者（以下、開発輸入業者）の企業行動に変化が生じている。過去の研究をみると、中国産では、品質が若干劣るものの人件費は比較的低い内陸部の新興産地安徽省から新たに調達する動きが明らかになっている[5]。そして、国産（日本産）では、国内冷凍野菜製造企業との連携によりその調達を強化している行動が明らかになっている[6]。これらの先行研究からは、冷凍野菜の開発輸入が新展開に突入していることが示唆される。

　このようななか、「貿易統計」より2010年以降に焦点を当てると、萌芽的な傾向が確認できる。大塚・松原（2004）が指摘するように、開発輸入は中国を中心とした東アジアを主産地としてきたが、ブロッコリーにおいて南米地域からの輸入が軽視できない規模で増えているうえ、最近ではほうれん草の輸入も行われる。すなわち、多品目化で輸出する産地が広域化する兆しが確認できる。

　産地における多品目化は、外食企業や食品製造業等の日本の実需者が提供する商品の原料として使用する冷凍野菜の主産地を開発輸入業者と協議して選定する際、前提条件となることがある。これは開発輸入業者、日本の実需者に共通して有益となるからである。例えば、日本の実需者に対しては、仕入時の選択肢を増やす。このことは、提供する商品の品揃えと価格帯に広がりをもたらすため、マーケティング戦略において講じる方策のバリエーションの幅の拡大に寄与する。そして、輸入元の開発輸入業者にとっても販売機会の増加のみならず、リスク分散の観点より利益率の安定化のメリットを及ぼす[7]。さらには、物流コスト削減にも寄与する。それは単品での輸送になると、年間を通してコンテナを満載することが容易ではないうえ、かりに満載できたとしても日本での保管期間が長くなり、保管料が嵩むからである。

　また、近年では、商品が高騰し続ける最大産地中国に特化して拠点を置くことへのリスク、ユーザーの中国離れ（チャイナフリー）への対応といった

課題が顕在化していることから、開発輸入業者において、その解決策として産地の分散化を進める必要性が高まっている[8]。そうしたなか、南米にはその候補地として期待がかかっているものの、現状において主要な輸入先国に求められる多品目化は進展しておらず、短期的にはこの地域への広域化、および分散化が実現できそうな気配を感じ取れない。これはなぜであろうか。

　開発輸入は、先述の通り日本独自のものとなっていることもあり、研究は国内が中心である。2010年以降の近年の動向を対象とした冷凍野菜の開発輸入に関する先行研究をみると、その成果は上述の菊地・竹埜のグループのものにとどまる。これらの研究成果は、先述のように、中国と国内の産地に限定されており、南米に関しては一切取り上げていない。それゆえ、上記の疑問点について、推測さえできない。

　そこで、本研究では、南米からの輸入で最も数量が多いエクアドルを対象に、現時点において多品目化が進展していない背景としてどのような要因が存在しているかを明らかにする。

3．研究方法

（1）考察の方法と構成

　本研究では、冷凍野菜の開発輸入において専業最大手にある富士通商株式会社（以下、F社）のケーススタディから解明を試みる。この企業を選定したのは、業界を代表する存在にあることに加え、注釈8に示した業界誌で南米からの調達に今後力を入れていく旨にも言及しており、上述の問題意識に基づいた課題の解明に適していると考えたからである。

　本研究は、冷凍野菜の開発輸入における新興産地の現段階の解明に資する内容である。先行研究には類似のものが存在するため、本章ではその成果で用いられた視点を一部援用する。これにより、市場構造の変化に伴って登場した二つの新興産地を比較して検討することが可能となる[9]。菊地・竹埜(2019)は、中国内陸部の新興産地安徽省の冷凍野菜製造企業との間で導入

されている開発輸入を対象に、産業組織論の視点から企業行動の成果を分析している。同成果では、企業行動の目的に関する指標を設け、伝統的産地の冷凍野菜製造企業の値と比較分析している。この概略は、品質や価格について要求水準に満たない商品が多い場合、取引量を増やすことはないので、成果を得るための指標（説明変数）としてこれら二つを位置づけ、そして、成果を判断する指標（目的変数）に輸出量を位置づけるといったものである。

　ただし、本研究で対象とするエクアドル産冷凍ほうれん草の場合、開発輸入業者が強化する意向はあるものの、それほど輸入量が増加していない実態を論点にしているため、以下では企業行動の成果を与件とし、この原因を品質と価格の変数から解明を試みる。なお、その検討にあたり、本研究では品質と価格の状況を示す指標を設け、わが国にとっての主産地にある中国産の値と比較する。これは、中国産よりも劣っている場合、相対的に魅力度が低くなるので取引量（輸入量）にマイナスの影響を与えるためである。

　構成は次の通りである。本節では、後述するように、研究方法に関するものとして、事例企業およびその取引先のエクアドルの冷凍野菜製造企業の位置づけ、南米の産地開拓を意識する企業群等について述べる。次に4節では、本研究で着目するエクアドルからの輸入状況を説明する。それから、5節では強化する意向を有すものの、事例企業においてエクアドル産冷凍ほうれん草の輸入が思うように増えていない理由を、品質と価格の観点から考察する。最後に、6節では本研究の結果を総括する。

（2）事例企業の位置づけと概況

　ケーススタディで取り上げるF社は、冷凍野菜の輸入量で国内第3位にあり、冷凍野菜の開発輸入の専業最大手である（2019年）。年間売上は100億円を超える。F社は輸入冷凍野菜品質安全協議会（以下、凍菜協）にも加盟し、役員を派遣しており、高い品質管理能力を有する点にも特徴がある[10]。

　上述の業界誌によると、冷凍野菜取扱量が業界でも上位にある株式会社ノースイ（2016年で業界2位）、F社（同5位）、マルハニチロ株式会社（同7位）、

岩谷産業株式会社（同8位）、株式会社ライフフーズ（同9位）が価格高騰等中国産の環境変化に関する認識を持っている。そして、この変化との関係で今後の意向として南米産地の開拓をあげている企業に、株式会社ノースイ、F社、マルハニチロ株式会社、株式会社ライフフーズが存在する。そして、中国産との関係性が直接読み取れないものの、南米産地の開拓を意識している企業に、株式会社ニチレイフーズ、京果食品株式会社があげられる。これらからは、中国産の高騰等環境の変化に対する方策として南米を強化する意向にある場合と、それとはあまり関係なく意識している場合を含め、多くの開発輸入業者が南米産地に関心を有していることがわかる。こうしたなか、F社は、2019年でエクアドル産冷凍ほうれん草の輸入で国内シェア80％以上を有し、かつ同国産冷凍ブロッコリーでも国内シェア7.4％を有する。つまり、業界を代表する大手であるだけでなく、エクアドルからの輸入に関しても中心的存在と位置づけられる。

　同社のエクアドル産冷凍ほうれん草の取扱いは、2016年からである。当初は年間80t程度で、2017年も100t程度であった。それが2018年には280t、2019年には270tとなった。同社によると、商品の訴求点は、ⅰ）標高3,000mの高地で栽培しており、寒暖差が大きいことから食味に優れる、ⅱ）高地で栽培しているので虫が比較的に少なく、異物として混入する可能性が低い、ⅲ）国産品よりも低価格な水準で中国以外の産地の商品を志向する顧客のニーズを獲得することができるといった点にある。この商品は、国内の大手業務用食材卸売業者を通して、全国を対象に、スーパー等の市販向けのほか、一般飲食店等の営業給食向け、病院、介護施設、学校給食等の集団給食向けに流通している。

　本研究では、F社とエクアドルからの輸入先であるPROVEFRUT S. A.（以下、P社）との取引を対象とする。P社はHACCPやGLOBALG.A.P、GMP（Good Manufacturing Practice）等の各種国際認証を取得している大手企業である。本社は首都キトにある。同社は自社で農産物の栽培を行い、その原料を加工・冷凍し、輸出する企業である。製造した商品は、米国向け

が中心となっているが、それ以外の国々にも輸出を行っている。同社最大の
輸出品目の冷凍ブロッコリーをあげると、2020年の総輸出量4万5,000 t の
うち米国向けが40％、日本向けが26％、独国向けが14％、英国向けが5％、
オランダ向けが4％、その他の国向けが11％であった。

　F社提供のデータによると、同年におけるエクアドル最大の輸出品目であ
る冷凍ブロッコリーの総輸出量は7万8,000 t であった。そのため、P社は単
独でその半分以上のシェア占めることから、同国を代表する大企業と位置づ
けられる。P社との取引は、長年の取引関係にある米国の仕入先の紹介を通
して始まった。ブロッコリーおよびほうれん草のそれぞれにおいて、取引開
始当初はP社が生産した商品を輸入する、いわゆる買付輸入の形態であり、
開発輸入は行っていなかった[11]。それは、上述の取引開始の経緯に加え、サ
ンプルを取り寄せた際、商品と規格に問題が無かったので、日本向けに通用
するノウハウを有していると判断したからである。

4．冷凍野菜の輸入にみられる萌芽的動向

　表5-1は、中国とエクアドルに着目した冷凍野菜の輸入動向を示したもの
である。同表からは、2009年から2019年にかけて総輸入量が76万997 t から
108万9,449 t へと32万8,452 t 増加（増加率43.2％）したなか、中国産は29万
6,212 t から48万1,834 t へと18万5,622 t 増え（増加率62.7％）、総輸入量の増

表 5-1　中国とエクアドルに着目した冷凍野菜の輸入動向

（単位：t、%）

	2009 年		2014 年		2019 年		増加率 (09 年/19 年比)
冷凍野菜総輸入量	760,997	100.0	907,964	100.0	1,089,449	100.0	43.2
うち中国	296,212	38.9	408,230	45.0	481,834	44.2	62.7
うちエクアドル	7,659	1.0	14,964	1.6	28,654	2.6	274.1
ブロッコリー	7,185	(93.8)	14,276	(95.4)	27,467	(95.9)	282.3
ほうれん草	0	0	0	0	331	(1.2)	-

資料：財務省「貿易統計」より作成。
注：エクアドル産の数値で括弧書きをしているのは、同国産全体に占める各品目の割合を意味する。

加量の半分以上も占めたことがわかる。そのようななか、エクアドルからの輸入量も7,659 t から2万8,654 t へと増加（増加率274.1％）した。その結果、総輸入量に占める同国のシェアは、1％から2.6％へと上昇した。

　エクアドルからの輸入は、ほぼブロッコリーである。同国の日本の総輸入量に占めるシェアは、中国に比較すると依然小さいが、この品目に限っては軽視できない規模にある。2019年の冷凍ブロッコリーの総輸入量5万9,059 t のうち、最大が中国産で2万8,863 t、次いでエクアドルが2万7,467 t と同規模にある。両国を合計すると、総輸入量に占めるシェアは95.4％に上る。

　そして、先述のように、エクアドルからは2016年より冷凍ほうれん草も輸入している。その輸入量は、ブロッコリーに次いで多く331 t である（表5-2）。この品目における日本の総輸入量は4万9,287 t である（2019年）。最大の輸入先は中国で4万6,014 t に上る。次で多いのはイタリアであるが、その輸入量は1,070 t にすぎない。なお、本研究で対象とするエクアドルは5番目である。表5-2は冷凍ほうれん草の近年の輸入動向を、中国産とエクアドル産に着目して示したものである。これによると、2015年から2019年にかけて両国産とも増加傾向で推移している。エクアドル産は、中国産が減少した2019年も減少することなく76 t から331 t へと一貫して増加した。だが、増加量の程度がそれほど大きくなかったことから、エクアドルにおいて日本向けで2番目に競争力があると考えられる品目ではあるものの、中国の足元にさえ及んでいない現状にある。

　こうしたことから、2010年以降においてブロッコリーが同国からの冷凍野菜総輸入量に占める割合は、90％を下回らずに推移している。つまり、上述

表5-2　冷凍ほうれん草の輸入動向（中国・エクアドル）

（単位：t）

	2015 年	2016 年	2017 年	2018 年	2019 年
中国	36,924	40,115	43,084	47,564	46,014
前年からの増加量	1,555	3,191	2,969	4,480	− 1,550
エクアドル	0	76	136	217	331
前年からの増加量	0	76	60	81	114
中国との格差（倍）	−	527.8	316.8	219.2	139.0

資料：財務省「貿易統計」より作成。

のように、メリットが多くの関係主体に生じるうえ、開発輸入業者としても
力を入れたい産地となっている現状にもかかわらず、エクアドルで多品目化
は進んでいない。次節では、F社のケーススタディを通して、この要因を考
察する。

5．多品目化が進展しない背景

（1）国内販売での苦戦

　本節では、まずF社の当該商品の国内での販売状況を確認する。これは、
輸入量がそれほど多くなくても特定顧客から強い支持を受け、高い利益率を
得て問題なく販売し続けていれば、異なった認識となるからである。
　このことについて、ヒアリング調査を実施したところ、商品には前節で言
及した訴求点を有するも厳しい販売状況にあった。具体的には、①2019年の
事例企業の輸入量からすると、計算上は同国産冷凍ほうれん草の販売量は平
均22.5ｔ/月となるなか、実際には平均14ｔ/月に停滞していた、②販売不振
にある在庫分は、大幅な値引きをして損失計上する形で処分を進めていた、
③同商品の販売先数は過去最大で64社存在したが、大口顧客を中心に減少し、
2019年には40社となっていたことを把握した。つまり、統計上では輸入量が
増加傾向にあるが、国内の販売面で苦戦していた。
　この結果を踏まえ、以下ではエクアドル産冷凍ほうれん草を対象に、強化
したい意向にあるものの、それほど輸入が増えていない（販売できていない）
理由を、品質と価格の観点から考察する。

（2）品質に関する問題の存在

1）異物混入の多さ
　品質に関する指標については、食品衛生法に定められる規格基準に加え、
日本で異物混入等のクレームとなった発生頻度を用いる[12]。これに関して、
本研究では商品100万袋当たりに何袋のクレーム（異物混入等）が発生した

かを意味するPPM（Parts Per Million）のデータを使用する。事例企業では、500g／袋の商品が多くを占めていることを理由に、算出に際してこの重量を基準としている。そのため、F社のPPMは重量換算で500 t 当たり何件のクレームが生じたかを示す値として理解できる。

表5-3には、事例企業におけるエクアドル産冷凍ほうれん草の異物混入に関する検品結果を示した。検品は、日本国内の営業冷蔵庫に在庫として保管している異なる製造ロットを対象に、検体を無作為抽出し実施した。具体的には、賞味期限が異なる7つの製造ロットを対象に、60袋49kg分の検体を抽出した。同表によると、異物が発見されなかったのは、検体No.5のわずか一つに過ぎなかった。また、異物が確認された各検体の詳細をみると、最も多かったのが検体No.1で植物片23、紙片1の合計24であった。そして、最も少なかったのは検体No.3と検体No.4であり、前者では植物片2、後者では虫2のそれぞれ合計2であった。このように極めて限られた数量であるものの[13]、すべての検体から確認された異物混入数は合計50に上った。この検品結果について、49kgを500g袋換算し、かりに50件の異物が1件ごとにすべてクレームとなった場合、PPMは51万204となる。

　一方、主要産地の中国産はどのような水準にあるのだろうか。菊地・竹埜（2019）では、2014年のF社における中国産冷凍野菜の仕入先上位5社と、内陸部の新興産地にある冷凍野菜製造企業の各PPMを取り上げている。こ

表5-3　事例企業のエクアドル産冷凍ほうれん草の異物混入に関する検品結果

検体 No.		1	2	3	4	5	6	7	
コンテナ番号		#402	#402	#434	#435	#436	#438	#438	
荷姿		500 g	500 g	500 g	500 g	10kgバルク	500 g	10kgバルク	
製造ロット		P8333D	P8339D	P8339D	P83555D	P9010	P9064D	P9121	
賞味期限		2020.11.1	2020.12.1	2020.12.1	2020.12.1	2021.1.1	2021.3.1	2021.4.1	合計
検体数	重量（kg）	9	5	5	5	10	5	10	49
	袋数	18	10	10	10	1	10	1	60
異物混入の結果	植物片	23	4	2	0	0	9	8	46
	紙片	1	1	0	0	0	0	0	2
	虫	0	0	0	2	0	0	0	2
異物小計（個）		24	5	2	2	0	9	8	50

資料：事例企業の資料より作成。
注：上記のデータは2019年7月26日のものである。

のデータを参照すると、同年の仕入先上位５社平均はわずか4.75であった。そして、日本向け商品の生産管理に関するノウハウがあまり蓄積されていない内陸部の新興産地安徽省にある冷凍野菜製造企業であっても13.03であった。この値からも明らかなように、異物混入の観点からみた品質に多大な違いが生じている。

２）自主基準より高く安定しない生菌数

　製造工程および規格基準の違いによって、食品衛生法で定める冷凍食品には区分が存在する（**表5-4**）。最も規格基準が厳しいのは無加熱摂取冷凍食品であり、検体１ｇあたりの生菌数が10万以下、大腸菌群が陰性となっている。一方で緩やかなのは、加熱後摂取冷凍食品（凍結直前未加熱）で、生菌数は300万／ｇ以下、E.coliが陰性といった規格基準にある[14]。食品製造業や外食企業等の実需者にすると、無加熱摂取冷凍食品は調理時に加熱する必要がないため、一部ではあるものの、この食材を利用することで調理工程が簡略化できる。ゆえに、メリットがある。だが、規格基準は区分の中で最も厳しいので、製造時に高い管理能力が求められる。P社より輸入するエクアドル産冷凍ほうれん草は、加熱後摂取冷凍食品（凍結直前未加熱）の区分であるが、将来的に無加熱摂取冷凍食品の区分での製造を念頭においていることから、事例企業との間では自主基準を設けて生産管理をするように取り組ん

表5-4　日本の食品衛生法上の冷凍食品の規格基準と事例企業が
中国の開発輸入先で導入している管理基準

食品衛生法による冷凍食品の規格基準	基準（検体1gあたりの生菌数）	大腸菌群	E.coli
無加熱摂取冷凍食品	100,000 以下	陰性	
加熱後摂取冷凍食品（凍結直前加熱）	100,000 以下	陰性	
加熱後摂取冷凍食品（凍結直前未加熱）	3,000,000 以下		陰性
無加熱摂取冷凍食品製造工場の管理状況（中国の開発輸入先）			
無加熱摂取冷凍食品製造工場の管理上の上限基準	5,000 以下	陰性	
無加熱摂取冷凍食品製造工場の一般的な管理基準	3,000 以下	陰性	
中国の主要な開発輸入先で実際に計測される値	1,000 以下	陰性	

資料：大阪検疫所食品監視課HPと事例企業の資料より作成。
注：無加熱摂取冷凍食品とは、飲食に供する際に加熱を要しないとされているものをいう。

でいる。そして、生産管理上、問題点があれば、F社が指導をしている。

　F社の中国での開発輸入先となっている無加熱摂取冷凍食品製造工場（冷凍野菜製造企業）では、ノウハウがあまり蓄積されていない、あるいは設備が整っていない等の理由で生産管理能力がそれほど高くない場合にあっても、日本の食品衛生法の規格基準の半分となる5,000以下/gを管理上の上限基準としているが、一般的には3,000以下/gを基準としている。ちなみに、前述のF社における中国産冷凍野菜の仕入先上位5社の場合、実際に計測される値は1,000以下/gとなっており、日本の食品衛生法の規格基準の10分の1以下の基準値にコントロールすることが可能となっている。

　表5-5には、事例企業が輸入した同商品の生菌数の検査結果を示した。この表に示す検査値は、異なる製造ロットの検体6つを対象に、日本の検査機関の財団法人日本食品検査が2019年3月に実施した検査の結果である。これによると、日本の食品衛生法で定める無加熱摂取冷凍食品の生菌数の基準をどの検体も基準をクリアしている。しかし、事例企業が輸入する無加熱摂取冷凍食品製造工場の管理上の上限基準5,000以下/gを超える検体が6検体中3検体と半分存在している。しかも、これら6検体の検査値のレンジは3,000～6万3,000と大きく、不安定にある。この状況からは、まだ狙い通りに無加熱摂取冷凍食品を製造できる水準には至っていないことがわかる。

表5-5　事例企業が輸入したエクアドル産冷凍ほうれん草（無加熱摂取冷凍食品）の生菌数の検査値の状況

検体	コンテナ番号	製造ロット	包装日	賞味期限	検査値（個/g）
①	#374	P8087D	2018.3.28	2020.3.1	<3,000
②	#375	P8116D	2018.4.26	2020.4.1	<3,000
③	#396	P8299D	2018.10.26	2020.10.1	63,000
④	#397	P8304D	2018.10.31	2020.10.1	9,800
⑤	#400	P8332D	2018.11.28	2020.11.1	27,000
⑥	#402	P8339D	2018.12.5	2020.12.1	25,000

資料：事例企業の資料より作成。
注：1）表5-3の異物混入の検体検査結果に示した検体と同じものは、⑥のみである。
　　2）同社が輸入する無加熱摂取冷凍食品製造工場の管理上の上限基準5,000個/gを超えた値には、下線を引いた。
　　3）上記のデータは、2019年3月に日本国内の検査機関である財団法人日本食品検査が実施した検査結果である。

（3）弱い価格競争力

　続いて、価格面に焦点を当てる。**表5-6**には、主要輸入先別にみた2019年の冷凍ほうれん草の価格差を示した。この値は「貿易統計」のものであるが、先述のように、F社はエクアドル産冷凍ほうれん草の総輸入量の80％以上を占めていることから、同社の実際の値に近いと推測できる。また、中国産冷凍ほうれん草では、同社の輸入量は約3,500 t と、中国産冷凍ほうれん草の総輸入量に占める割合が7％を超える。一定のシェアを有していることを背景に、F社には価格交渉力があると予測できる。ゆえに、この表に示された値よりも同社の単価が大幅に高いことはないと考えられる。こうした理由から、公的な統計資料の数値ではあるが、本ケーススタディで産地間の価格差の傾向を捉えるにあたっても相応の妥当性があると考えられる。

　この表をみると、総輸入量のうち中国産が占める割合が極めて高いので同国産に近い単価となるが、それであっても中国産は0.97倍と総輸入量平均単価よりも低い。これは他国産が相対的に高いからである。総輸入量平均単価に対してイタリア産は1.67倍、台湾産は1.51倍、ベトナム産は1.31倍、そして、本研究で対象としているエクアドル産では1.38倍高い[15]。この結果より、高騰しているとはいえ、依然中国からの輸入が圧倒的であるのは、相対的に高い品質の商品を安価で調達できるからと理解できる。

　一方、日本の実需者のニーズともいえるこの難しい要望に対して、国際的

表5-6　主要輸入先別にみた冷凍ほうれん草の価格差（2019年）

(t、円/kg)

	数量	割合	単価	価格差
総輸入量	49,287	100	157.6	100.0
中国	46,014	93.4	152.1	0.97
イタリア	1,070	2.2	263.6	1.67
台湾	773	1.6	238.7	1.51
ベトナム	476	1.0	206.2	1.31
エクアドル	331	0.7	217	1.38

資料：財務省「貿易統計」より作成。
注：価格差は総輸入量の平均単価に対する各国の単価を意味する。

な認証を複数取得しているエクアドルの大手冷凍野菜製造企業では、競争劣位にある。

6．結論

　本章の目的は、新興産地南米からの輸入で最も数量が多いエクアドルを対象に、現時点において多品目化が進展していない要因を明らかにすることにあった。一定の取引規模にある代表的事例を対象に、3節に示した方法より考察した結果、世界基準の認証を複数取得しているエクアドルの大手冷凍野菜製造企業の場合であっても、経験の浅さもあり、日本側が要望する規格や基準を完全には把握できておらず、そのことに沿って製造する能力が低く、品質と価格の両面で中国産と格差が生じていることが明らかになった。このことを原因に、日本国内では顧客離れが進んでおり、多品目化が進展していない。

　考察結果をもとに、短期的な展望を述べる。日本側が要求する品質・価格水準に沿って、他品目へとさらに取扱品目を拡大させるには、作物ごとに異なる原料の栽培方法や製造工程上の管理方法の習得等が必要である。だが、3節で触れたように、新興産地エクアドルの代表的事例からは、米国向けを中心に、それ以外の国々にも輸出するなかで新たに日本向けに取り組んでいるため、どの国向けを優先するか選択しつつ、経営資源をどのように分配するか考えながら取り組む必要が示唆される。こうしたことから、多品目にわたりそれらを習得するには、ある程度の時間がかかると予測される。また、日本の外食企業、食品小売業者等の実需者の信頼を回復し、ニーズを再度掴むことも容易ではない。こうした供給国と需要国に関するそれぞれの理由から、短期的に開発輸入先が南米へと広域化し、分散化が進むとは考えにくい。

　最後に、中長期的な展望を述べる。上記の一方で、3節で述べたように、南米を新興産地として志向している大手開発輸入業者が一定数存在すること、既に複数の品目が輸入されていること、開発輸入業者が有する指導機能によ

り現在有する課題の改善が進む余地があること[16]、さらには、過去に大きな問題となった残留農薬問題を鎮静化させ、同問題発生以前よりも中国産の輸入量を増加させてきた能力や経緯を踏まえると、日本の食品産業が欲する商品の調達にあたり、中長期的には地球の裏側にまで複数品目を生産する開発輸入先が広域化する可能性を否定できない。このことは、全体の一部とはいえ、主産地中国との関係変化の影響を受け、まだ日本側の要望に基づいた商品の製造が完全にはできていない遠隔地の新興産地へ新たに費用、時間、労力等をかけてシフトせざるを得ない状況にあることを意味するだけに、必ずしもプラスの効果を得るとは判断できない。今後、開発輸入の広域化が日本の食品産業にどのような影響を及ぼすかについて継続した研究が求められる。

注

1）研究目的との関係で事例の位置づけを明確にせず、しかも企業名を出さずにA社、B社といった表記でケーススタディを行う研究が少なからず存在する。このような研究の場合、正しさを確認するための調査が困難なため、研究結果の妥当性に疑問が生じることから、社会科学の研究として評価が難しいものとなる。

2）2006年にはミニシンポジウム「中国における輸出指向型野菜加工企業研究の課題」が開催された。各報告者の内容は2006年の『農業市場研究』15（2）を参照されたい。

3）以下の内容は、菊地・竹埜（2022）の一部である。

4）菊地・竹埜（2019）を参照されたい。なお、同成果で論じたこの内容は、2012年頃がピークであったと考えられる。

5）菊地・竹埜（2019）で論じたこの内容は、2014年当時のものである。

6）ただし、国産品は輸入品に加えて圧倒的に生産量が少ないうえ、後述するように輸入量は過去最高水準で推移していることもあり、不足分の確保という観点ではなく、利益額獲得の観点から行われている。詳細については、菊地・竹埜ら（2019）を参照されたい。

7）農産物の場合、生産段階において気象状況や病害虫による被害等の影響を受けるため、毎年、収量や品質を一定とすることは困難である。一方、製品を購入する日本の食品小売業者や外食企業等の実需者は、年間を通じて安定した数量、価格、品質を志向する。容易に商品が売れないなか、原料が不作となり製品価格が高騰した際、開発輸入業者が日本国内の買い手に対して、こ

の分をそのまま販売価格へ転嫁するのは難しい。また、欠品が生じることもある。ゆえに、単一品目の取扱いであれば、利益率の低下や逆ざやとなるケースや取引関係が無くなるケースがある。取引の継続にあたり、このような事態を回避するため、開発輸入業者では収穫時期が異なる品目を組み合わせて多数取り扱うことに取り組む。こうしたことから、産地の広域化にあたり同取組の導入の可否は重要な観点となる。ちなみに、中国では南北に広がる沿岸部の産地において、30を超える品目が取引される。

8) この課題の存在については、株式会社オンリーワンジャーナル社が発行する業界誌「月刊　低温流通」の2012年、2014年、2017年各6月号で報じられている。これらのコメントは、南米進出あるいは注目する背景として記述されている。コメントの発信元は各大手開発輸入業者であり、出版社によるインタビューの結果である。

9) このことも事例の選定理由に該当する。

10) 凍菜協に関する記述は、菊地・竹埜ら（2019）に詳しい。凍菜協は2002年に中国産冷凍ほうれん草を中心とした残留農薬問題の発生を受け、輸入冷凍野菜の品質および安全性の確保のために2004年に設立された。凍菜協は輸入業者21社の会員、農林水産省や厚生労働省などの4つの関連団体の会員、事務局から構成される。この団体は、原料を生産する圃場から商品の出荷にいたる一連の工程を対象とした冷凍野菜の管理マニュアルを作成し、それを認証制度として活用する取組を行っており、組織内に高い専門知識が蓄積されている。

11) F社へのヒアリング調査によると、この業界では、日本向けの輸出ノウハウを長年にわたって蓄積している中国沿岸部の伝統産地でも信頼できる取引先からの紹介といったケースで開発輸入に至ることがある。そのため、特殊事例に位置するものではない。

12) このため、本章で取り上げる品質に味、色、香味、食感といった事項は含んでいない。

13) 限られた数量というのは、F社がP社から輸入する冷凍ほうれん草総数量に対する検体の数量の少なさを意味している。2018年〜2019年の平均輸入量275 tに対して、検体の数量49kgは、0.018％にすぎない。

14) E.coliは糞便系大腸菌群のことであり、大腸菌群の区分に属する。

15) 日本冷凍食品協会（2020）「冷凍食品に関連する諸統計」によると、同年（2019年）の国産ほうれん草の平均単価は397円/kgであり、総輸入量平均単価に対して2.5倍高い。

16) 紙幅の都合上、本研究では言及していないが、菊地・竹埜（2022）では、この詳細を考察している。

謝辞
　　本研究は、JSPS科研費JP20K06264および桃山学院大学総合研究所の助成を
受けた。

引用・参考文献

戴容秦思・矢野泉（2012）「中国昆明市における生乳の市場構造に関する一考察」『農業市場研究』20（4），pp.45-52.

戴容秦思（2016）「中国における酪農生産の変貌と乳業の生乳調達の実態」『農業市場研究』24（4），pp.11-21.

船津崇・菊地昌弥（2019）「大手コンビニエンスストアのローカル・システムによる青果物販売の可能性—モデル店のケーススタディを通したステークホルダーのメリットに関する考察—」『農業市場研究』28（2），pp.1-12.

船津崇・菊地昌弥（2020）「地域内連携による小規模野菜産地の成立要件に関する一考察—さいたまヨーロッパ野菜研究会を事例に—」『農業市場研究』29（1），pp.30-37.

菊地昌弥・竹埜正敏・佐藤敦信・船津崇（2012）「中国における日本向け冷凍野菜の輸出価格高騰の一因に関する考察」『農業市場研究』21（2），pp.20-28.

菊地昌弥（2013）経済環境の変化と食品企業の食材調達行動の新たな動き—中国からの冷凍野菜輸入の事例を中心に—」『フードシステム研究』20（2），pp.108-119.

菊地昌弥・竹埜正敏（2019）「中国産冷凍野菜の開発輸入における新興産地の現段階」『オホーツク産業経営論集』27，pp.11-23.

菊地昌弥・竹埜正敏・古屋武士（2019）「国産冷凍野菜の販路における大手開発輸入業者の台頭と背景に関する考察—国内製造業者との連携を対象に—」『フードシステム研究』25（4），pp.155-168.

菊地昌弥・岸上光克（2020）「日本短角種の産地における停滞の原因と産地マーケティングの新展開—大規模産地久慈市山形町のケーススタディ—」『農業市場研究』29（2），pp.1-15.

菊地昌弥・竹埜正敏（2022）「開発輸入における新興産地の開拓—多品目産地の広域化に関するケーススタディ—」『農業市場研究』31（1），pp.1-15.

根師梓（2011）「中国における緑茶貿易の転換と対日緑茶輸出産地の展開」『農業市場研究』20（2），pp.52-58.

西村佳道（2010）「対日中国産野菜供給における輸入商社の企業動向」『農業市場研究』18（4），pp.70-75.

大塚茂・松原豊彦編（2004）『現代の食とアグリビジネス』有斐閣.

大木茂（2011）「生協における海外バナナ産直の後退要因」『農業市場研究』20（2），pp.34-39.

烏雲塔娜・福田晋・森高正博（2012）「メラミン問題を契機とした内モンゴルにおける生乳取引構造の変化」『農業市場研究』20（4），pp.24-30.

Sakazume, H.（2011）"Formation of Regional Supermarket Chains in Hokkaido and Their Procurement Channels of Fruit and Vegetables," *Agricultural Marketing Journal of Japan*, 20（1），pp.1-14.

Sakazume, H.（2013）"Expansion of Retail Store Networks and Procurement Systems of Fruit and Vegetables in Supermarket Chain in the Tohoku Region," *Agricultural Marketing Journal of Japan*," 22（2），pp.1-10.

Sakazume, H. and Takanashi, F.（2016）"Supermarket Chain Expansion in the Chugoku-Shikoku Region and their Procurement Systems for Fruit and Vegetables," *Agricultural Marketing Journal of Japan*, 24（4），pp.22-31.

佐藤和憲・木立真直・ナロンサックピシャヤピスット（2016）「青果物の直接的な取引における取引慣行—小売業の要求への産地の対応—」『農業市場研究』24（4），pp.52-58.

澤野久美・大江徹男（2015）「伝統野菜の生産・消費における地域内連携の実態と課題—漬物製造業者の原料調達とJAの役割に着目して—」『農業市場研究』24（2），pp.12-24.

鄭海晶・戴容秦思・根鎖・清水池義治（2020）「中国内モンゴル自治区における生乳出荷形態の再編論理—大手乳業向け出荷契約解消後の生乳生産者の分析—」『農業市場研究』29（3），pp.49-59.

（菊地昌弥・竹埜正敏）

第6章

食の海外展開と輸出
―秋田県および小玉醸造における清酒輸出の事例を中心に―

1．はじめに

（1）研究の目的と背景

　周知の通り、2020年3月に閣議決定された「食料・農業・農村基本計画」において農林水産物・食品輸出はグローバルマーケットへの戦略的な開拓の中心として掲げられている。政府が輸出促進に注力する理由として消費者の低価格志向による安価な輸入品の拡大や国内の需要停滞に加え、今後の少子高齢化・人口減少にともなう国内マーケットの縮小があげられる。それに対して、アジア諸国をみると、経済発展にともなう人口および富裕層の増加、世界的な和食ブームの拡がり等の影響から、伸長著しい有望なマーケットが創出されつつあることを確認できる。したがって、前述のマーケットにおいて日本産農林水産物・食品による新規販路の開拓・確保を実現することは喫緊に克服すべき課題といえよう。

　ここで、わが国における農林水産物・食品輸出を巡る情勢を整理すると、国民経済全体へのメリットの享受が期待できる取組と位置づけられており、政府中心に急ピッチで体制整備や支援事業が実施されている。しかしながら、円高や震災・原発事故の影響または内外価格差の存在等が隘路となり、輸出金額1兆円の達成目標年度は幾度も改訂を繰り返した末に、ようやく2021年

に実現するに至ったところである。このような顛末であるにも関わらず、前述の基本計画において、政府は2030年に輸出金額5兆円という新たな目標を掲げており、今後も取組強化を継続することが想定できよう。このように政府による積極的な推進体制は整備されているものの、従前の取組では未だに効果は限定的であり、過去と同様な展開を繰り返すことも懸念されている[1]。

そこで本章の目的は、「食の海外展開と輸出」を検討する上で堅調な輸出を維持している加工食品の内、主力品目である清酒に着目し、輸出相手国・地域において効果的な販路開拓・確保を実現させた秋田県および清酒事業者の輸出マーケティング戦略の特徴と課題について明らかにすることにおかれる[2]。具体的には、秋田県および小玉醸造株式会社（以下、「小玉醸造」と省略）を対象とした訪問面接調査の結果を中心に分析していく。

なお、調査事例の選定理由は以下の通りである。前者は、近年において秋田県が他の都道府県と比較すると県内の清酒輸出拡大を目的とした支援事業に活発な取組を示している点、後者は秋田県酒造協同組合の組合員において輸出事業の中心的な役割を果たしている清酒事業者と位置づけられる点、の2点が挙げられる。

（2）既存研究の整理

清酒輸出に関する主要な既存研究として、井出（2019）、石田（2009）、石川（2020）、石塚・鈴木（2021）、石塚・安川（2019）、喜多（2012）、小桧山（2008a）（2008b）、大仲・西川（2021）、澁谷（2015）、下渡（2014）等が挙げられる。

井出（2019）は、長野県および岐阜県に立地する清酒事業者の事例を中心に海外の市場開拓を目的としたインバウンドを含めた酒蔵ツーリズムの可能性を分析した。その結果、①海外への販路拡大には現地のパートナーの存在が不可欠である点、②中小清酒事業者が中心であるために急激な需要増加へ対応は困難である点、③清酒業界における共同プロモーションが必要である点、④海外市場における販路確保の競争が激化し、より明確な製品の差別化

が必要である点、の4点を指摘した。

　石田（2009）は、海外市場における清酒の浸透度合いを3段階（第1段階：日本人が経営するレストランで現地在住の日本人が飲んでいる段階、第2段階：日本人が経営するレストランに現地の消費者を集客できる段階、第3段階：現地の消費者が経営するレストランに現地の客が集客できる段階）に区分して分析し、総じて清酒輸出が未だ萌芽的な段階にあることを示した。

　石川（2020）は、国内市場が縮小傾向を示していく中で海外市場への代替可能性について検討した。その結果、輸出拡大の条件として、①輸出相手国・地域の交易条件の緩和が必要な点、②輸出相手国・地域に安定した販路が必要な点、③中小清酒事業者は事務手続や代金回収への対応が困難なため、輸出に不向きな点、の3点を明らかにした。

　石塚・鈴木（2021）は、福島県内の清酒関連事業組合および清酒事業者の事例から、震災・原発事故以降の輸出動向や現地（輸出相手国・地域）での販路確保・開拓の取組について明らかにした。

　石塚・安川（2019）は、北東北に立地する清酒事業者による輸出事業の取組実態に基づき、①製品の現地適応化、②同業者間の水平的チャネルシステムの構築、③海外の展示会や品評会中心のプロモーションへの対応、の3点が輸出の重要なポイントであることを明らかにした。

　喜多（2012）は、清酒の輸出実態および海外生産の現状を分析し、灘・伏見に立地する（清酒）事業者のシェアが半数近いものの、近年ではそれ以外の地域からの輸出が増加傾向を示している点を明らかにした。

　小桧山（2008a）（2008b）は、①輸出相手国・地域における清酒のヘビーユーザーは日本人駐在員が多い点、②主要な販路は飲食店需要に偏っている点、③国内取引と比較して流通コストが多額であり、小規模清酒事業者では対応困難な点、の3点を示した。

　大仲・西川（2021）は、新潟県、愛知県に立地する清酒事業者の事例分析に基づいて清酒輸出の実態と想定している海外市場について明らかにした。分析の結果、清酒事業者の物流や現地での販売力を強化する上での支援が求

められる段階にあることを指摘した。

　澁谷（2015）は、北海道・東北に立地する清酒事業者のアメリカ向け輸出行動の特徴について明らかにした。分析の結果、①清酒事業者の規模によって輸出の取組内容に変化が生じる点、②清酒事業者の規模によって投資リスクに大差は見受けられない点、の2点を指摘した。

　下渡（2014）は、福島県に立地する清酒事業者の事例に基づいて、地方の中小零細業者が輸出を成功させた要因として、①複数の清酒事業者が連携して多品種の輸出に取り組んだ点、②代理店を経由した間接輸出による取引を行ってリスクを軽減していた点、③日本食品に対する現地消費者の評価が高い点、④日本食の普及拡大による相乗効果が発生した点、の4点を指摘した。

　以上のことを踏まえて、既存研究の成果について整理すると以下の3点が指摘できる。第1に清酒事業者による（最大輸出相手国・地域の）アメリカ向け輸出の取組実態は解明されているものの、それ以外の国・地域や国内の輸出事業主体に関してはあまり検討されておらず、不明瞭な点が存在したままである。後述の通り、アメリカは最大輸出相手国・地域であるものの、清酒の輸出相手国・地域数は増加しており、複数の国・地域への対応が主流となっていることが先行研究からも確認されている。第2に政府の支援体制を検討した研究成果は確認できるものの、地方自治体（都道府県）の輸出支援の取組実態に関してはあまり言及されていない。とりわけ、近年は地方自体による清酒輸出の支援は多岐に渡っているにも関わらず、その効果について充分な検討が行われているとは言い難い。第3に清酒事業者による輸出行動に関する研究成果は蓄積されているものの、輸出拡大に伴って現地での販路確保・開拓の取組、いわゆるマーケティング戦略の展開について検討した成果は少ない。後述の通り、2000年代以降においてわが国の清酒輸出も輸出拡大を継続したことに比例して関連事業者の参入も増加しており、現地でのマーケティング戦略が一定程度蓄積されているため、その再編等新たな動きが生じているものと想定される。

2．わが国の清酒輸出をめぐる情勢

　表6-1は、わが国における清酒輸出数量の推移を示したものである。この表から、2010年に1万3,770kℓであった輸出数量が、2015年：1万8,180kℓ（132.0％）、2020年：2万1,761kℓ（158.0％）と最近10年間においても1.5倍に拡大している。2008年以降の趨勢をみると、2017年以降は若干の増減が確認でき、概ね2万kℓ以上の規模の水準を維持して現在に至っている。

　なお、輸出数量が前年よりも下回った年次は、リーマン・ショックに端を発した国際的な金融危機による為替相場の変動（2009年）、主要輸出相手国・地域である香港の民主化デモによる飲食店での消費機会の減少（2019年）、日韓関係の悪化にともなう韓国における日本産製品の不買運動（2019年）、新型コロナウイルス感染症（COVID-19）の世界的な流行（2020年）の影響を受けたものであった。

　輸出相手国・地域数は、東日本大震災・福島原子力発電所事故が発生した2011年に54ヵ国・地域まで減少したものの、その後は61〜71ヵ国・地域の範囲で推移しており、2020年時点の輸出相手国・地域は61ヵ国・地域となっている。主要な輸出相手国・地域は、アメリカ、中国、香港、台湾、韓国である。輸出相手国・地域において特筆すべき点としてアメリカおよび中国の上位2ヵ国のシェアが顕著であり、両地域のみで全体の輸出数量の半数近くを占めている点が挙げられる。アメリカの比率が大きな理由として、他国・地域よりも早い段階から清酒の主要なエンドユーザーである日本食レストランの普及したことが影響していよう[3]。なお、2020年のアメリカへの輸出数量は5,270kℓであり、以前よりも比率（24.2％）が低下したものの、最大輸出相手国・地域の座は維持したままであり、海外市場において重要な存在であることが示されている。

表 6-1　わが国における清酒輸出数量の推移

(単位：国・地域、kℓ、%)

輸出相手国・地域		2008年	2009年	2010年	2011年	2012年	2013年	2014年	2015年	2016年	2017年	2018年	2019年	2020年
輸出相手国・地域数	実数	57	54	62	62	57	62	62	62	66	67	71	69	61
アメリカ	実数	3,843	3,575	3,705	4,071	3,952	4,489	4,341	4,780	5,108	5,780	5,952	6,452	5,270
	構成比	31.6	29.9	26.9	29.0	28.0	27.7	26.6	26.3	25.9	24.6	23.1	25.9	24.2
	前年比	–	93.0	103.7	109.9	97.1	113.6	96.7	110.1	106.9	113.2	103.0	108.4	81.7
中国	実数	482	485	625	375	666	896	1,074	1,576	1,910	3,341	4,146	5,145	4,772
	構成比	4.0	4.1	4.5	2.7	4.7	5.5	6.6	8.7	9.7	14.2	16.1	20.6	21.9
	前年比	–	100.7	128.7	60.0	177.9	134.4	119.9	146.8	121.2	174.9	124.1	124.1	92.8
香港	実数	1,213	1,308	1,436	1,660	1,492	1,716	1,613	1,745	1,877	1,807	2,097	1,926	2,629
	構成比	10.0	10.9	10.4	11.8	10.6	10.6	9.9	9.6	9.5	7.7	8.1	7.7	12.1
	前年比	–	107.8	109.8	115.6	89.9	115.0	94.0	108.1	107.6	96.3	116.1	91.8	136.5
台湾	実数	1,626	1,381	1,639	1,680	1,603	1,747	1,742	2,112	2,096	1,985	2,238	2,246	2,273
	構成比	13.4	11.6	11.9	12.0	11.3	10.8	10.7	11.6	10.6	8.5	8.7	9.0	10.4
	前年比	–	84.9	118.7	102.5	95.4	108.9	99.7	121.2	99.2	94.7	112.7	100.4	101.2
韓国	実数	1,529	1,954	2,590	2,828	2,904	3,502	3,221	3,367	3,695	4,798	5,351	2,912	1,535
	構成比	12.6	16.4	18.8	20.2	20.6	21.6	19.7	18.5	18.7	20.4	20.8	11.7	7.1
	前年比	–	127.7	132.6	109.2	102.7	120.6	92.0	104.5	109.7	129.8	111.5	54.4	52.7
その他	実数	3,458	3,246	3,775	3,409	3,512	3,853	4,322	4,600	5,051	5,771	5,963	6,247	5,282
	構成比	28.5	27.2	27.4	24.3	24.9	23.8	26.5	25.3	25.6	24.6	23.2	25.1	24.3
	前年比	–	93.9	116.3	90.3	103.0	109.7	112.2	106.4	109.8	114.2	103.3	104.8	84.6
合計	実数	12,151	11,949	13,770	14,022	14,131	16,202	16,314	18,180	19,737	23,482	25,747	24,928	21,761
	構成比	100.0	100.0	100.0	100.0	100.0	100.0	100.0	100.0	100.0	100.0	100.0	100.0	100.0
	前年比	–	98.3	115.2	101.8	100.8	114.7	100.7	111.4	108.6	119.0	109.6	96.8	87.3

資料：財務省「貿易統計」各年版より筆者作成

3．地方自治体による加工食品輸出支援の取組実態─秋田県の事例を中心に─

（1）秋田県観光文化スポーツ部うまいもの販売課の概要

　秋田県観光文化スポーツ部うまいもの販売課（以下、「うまいもの販売課」
と省略）は、「（秋田）県内の豊かな食文化を利活用し、国内外に向けた観光
誘致やそれにともなう情報発信を推進すること」を目的として2011年に観光
文化スポーツ部内に新設された部署である。うまいもの販売課における主要
な業務内容は、①県産食品の首都圏等への販売推進、②県産食品の輸出促進、
③アンテナショップの運営管理、④魅力ある食の特産品づくりへの支援、⑤
秋田の食文化等の情報発信等である。

　課内には「調整・食品振興班」と「まるごと売込み班」の2つのセクショ
ンが存在している。これらの2つのセクションは、「調整・食品振興班」が、
食品産業振興施策の推進、売れる商品づくりへの支援、農工商応援ファンド
の運営・管理、アンテナショップの運営・管理、県産農産物および加工食品
の輸出推進を担当している。また「まるごと売り込み班」は、県産農産物・
加工食品の販売対策およびプロモーションとなっている。

　うまいもの販売課によると、秋田県内において輸出実績を有する清酒事業
者は30社である。この企業数は、県内（秋田県酒造組合に所属する清酒事業
者34社）の88.2％に相当する[4]。

　表6-2は、最近の秋田県における清酒輸出数量の推移を示したものである。
この表から、2010年に158kℓであった輸出数量が最近9ヵ年で2.4倍に拡大し
ており、趨勢としては増加傾向にあることが読み取れる。なお、2019年に減

表6-2　最近の秋田県における清酒輸出数量の推移

（単位：kℓ、％）

	2010年	2015年	2016年	2017年	2018年	2019年
数　量	158	257	312	365	409	384
前年比	－	163.2	121.4	117.0	112.1	93.9

資料：秋田県資料より筆者作成

少した要因は、前述の全国同様に主要輸出相手国・地域との外交関係の摩擦や現地の社会情勢等の影響を受けたものである。

　調査時点では秋田県産清酒は30ヵ国・地域への輸出実績が確認できている。その中でも有力な輸出相手国・地域として、アメリカ148.0kℓ（38.5％）、中国60.5kℓ（15.7％）、香港38.2kℓ（9.9％）、韓国21.8kℓ（5.7％）、スウェーデン21.7kℓ（5.6％）、台湾21.1kℓ（5.1％）が挙げられる（2019年の数値）。全国同様にアメリカが最大輸出相手国・地域であるものの、その比率の高さが秋田県の特徴として指摘できる（全国（24.2％））。

（2）秋田県による清酒輸出支援事業の特徴

　秋田県による清酒輸出関連支援事業として「世界に羽ばたけ！秋田の食輸出・誘客促進事業」（以下、「食輸出・誘客促進事業」と省略）および「発酵の国あきた魅力発信事業」（以下、「魅力発信事業」と省略）の２つが挙げられる[5]。

　「食輸出・誘客促進事業」は、海外において清酒を中心とする県産食品の積極的なプロモーションおよび国内（県内）において食を契機とした訪日外国人観光客向けのメニューを提供し、認知度向上、輸出拡大、インバウンド客の増加を図ることを目的として実施している。事業の実施期間は2019～2021年の３ヵ年、予算は総額7,913万円（2019年：2,100万円、2020年：2,933万円、2021年：2,880万円）で設定されている。「魅力発信事業」は、県内の発酵事業者、酒造組合、味噌・醤油組合等の推進母体を育成して地域の発酵ツーリズムを支援することを目的に実施している。事業の実施期間は2020～2022年の３ヵ年、予算は総額4,980万円（2020年：1,660万円、2021年：1,660万円、2022年：1,660万円）で設定されている。

　「食輸出・誘客促進事業」の中核的な事業として、①輸出促進と観光PRのプラットフォームin台湾、②食の頂点パリ・ブランディング事業、③秋田の食プロモーション事業inタイ、④北東北３県・北海道ソウル事務所物産共同事業の４つが挙げられる。①～④の事業の内、清酒輸出の具体的な支援内容

は以下の通りである。①は現地在住のビジネスコーディネーターを活用した飲食店メニュー（提案）フェアおよび展示会・見本市の開催である（2020年は飲食店10店舗との商談を実施）。②は現地での円滑な販売交渉を行うための販促資材としてガイドブック「美酒王国秋田」のフランス語版を制作・配布（1,000部）およびバイヤー招聘（2社）である。③はバイヤー招聘や「秋田アンテナレストラン」と称した試食商談会の実施を予定していたが、2020年以降はコロナ禍の影響を受けて中止となった。④は韓国で開催される展示会に4道県合同での出展およびソウル事務所を通じた現地の事業者による県産品のサンプル提供とマッチング支援（年間5社）が挙げられる。

　「魅力発信事業」の中核的な事業として、①発酵の郷づくり推進事業、②発酵の国あきた誘客促進事業、③あきたの発酵食文化発信事業の3つが挙げられる。①〜③の事業の内、清酒輸出に関する支援内容は②であり、クルーズ船ツアー客を対象とした体験型プログラムの支援を通じて清酒等発酵食品の関心を高めて消費促進につなげる取組である（前述の食の頂点パリ・ブランディング事業と同様の理由で調査時点ではペンディングしていた）。

　以上の秋田県における清酒輸出支援事業は対象国・地域の属性に応じて期待される成果が異なっていた。まず、韓国および台湾という輸出実績を有する国・地域に関しては、秋田県内と空路・海路等で直接アクセスが可能であるだけでなく、諸外国と比較すると近距離な立地条件を有しており、リピーター（ヘビーユーザー）としての期待度が高かった。次いでフランスおよびタイという現時点で輸出実績が限られている2ヵ国は、他の道府県産清酒による販路開拓・確保も秋田県と同様な様相であるために「食輸出・誘客促進事業」の効果が上げられれば、秋田県独自の新規販路開拓に繋がるものと想定できるために市場拡大を目指した取組といえよう。

　最後に清酒輸出支援事業の中心である輸出相手国・地域でのプロモーションに係る経費について、うまいもの販売課担当者に問うたところ、1ヵ国・地域当たりの開催費は年間で100〜300万円を要することが確認できた。その一方で、このコストに比して清酒事業者のマッチング機会や契約締結とい

うメリットは必ずしも確約されておらず、享受可能な効果も不安定要素が存在していた。しかしながら、このようなプロモーションを清酒事業者が単独で継続して取り組むことは困難であるゆえに秋田県における輸出支援事業の意義が存在しているといえよう。

4．清酒事業者による輸出戦略の展開―小玉醸造の事例を中心に―

（1）小玉醸造の概要

　小玉醸造は、秋田県潟上市に立地する酒造会社である。1879年に創業し、当初の主力品目は醤油・味噌であった。その後の1913年から清酒の製造を開始し、現在に至っている。資本金は9,000万円、従業員数55名であり、2020年の清酒出荷量は208kℓである。清酒の主力銘柄である「太平山」は、1934年の全国酒類品評会において第1位の獲得したことをはじめ、数多くの受賞経験を有していることから、秋田県内を代表する清酒事業者の一つとして位置づけられている。なお、調査時点の小玉醸造における輸出比率（出荷量に占める輸出量の割合）は8％程度を維持しており、国内および秋田県内の清酒事業者においては高いウェイトを示している[6]。

（2）小玉醸造による清酒輸出の実態

　小玉醸造における清酒輸出の契機は、1998年に在アメリカ合衆国日本国大使公邸で開催されたレセプションに自社製品を提供したことである。その際、出席者の評価が自社の想定よりも高かったために輸出事業へ取り組む契機となった。翌年（1999年）には、現地（アメリカ）のインポーターおよび卸売業者の選定・契約に1年間を費やし、2000年から本格的な輸出事業を開始した。

　表6-3は、最近の小玉醸造における清酒輸出数量の推移を示したものである。この表から2020年の輸出数量は16.7kℓであり、前々年、前年と2年連続で微減している。2020年に減少した理由は、前述の全国と秋田県同様にコロ

表6-3　最近の小玉醸造における清酒輸出数量の推移

(単位：ℓ、%)

	2015年	2016年	2017年	2018年	2019年	2020年
数量	4,965	6,243	6,635	18,304	17,698	16,688
前年比	－	125.7	106.3	275.9	96.7	94.3

注：訪問面接調査結果より筆者作成

ナ禍の影響を受けたものである。2019年は日韓貿易紛争による両国の関係悪化に伴い主要輸出相手国・地域であった韓国向け輸出が停滞したためである。

　2018年以降に輸出数量が急増した要因は、インポーターの変更が影響している（2018年以前：4～6kℓ⇨2018年以降：15kℓ以上）。2018年以前のインポーターは展示会・見本市がプロモーションの中心であった。しかしながら、近年のわが国における清酒輸出の拡大に伴って輸出相手国・地域での販路確保競争の激化していることに対して柔軟な対応を示せておらず、輸出増加が見込めない状況であった。こうした状況を打破するために小玉醸造は、見本市・展示会中心のプロモーションでは新規販路の開拓や販路確保が厳しく、それ以外の取組が必要な段階にあると判断し、小売店・飲食店向けのプロモーションに積極的な展開を示していたインポーターへシフトした。なお、このシフトによって輸出金額は1,000万円台から2,000万円台を突破と倍増となっただけでなく、2,500万円強程度にまで拡大することとなった。

　調査時点で小玉醸造の輸出相手国・地域は、香港（43.0%）、アメリカ（23.3%）、シンガポール（8.9%）、中国（6.2%）、カナダ（7.2%）、オーストラリア（5.0%）、台湾（1.9%）、マレーシア（1.6%）、ドイツ（1.2%）、オランダ（0.9%）、スイス（0.4%）、フランス（0.3%）、ブルネイ（0.05%）、サウジアラビア（0.05%）の14ヵ国・地域が挙げられる。地域別の国・地域数は、「アジア」7ヵ国・地域、「ヨーロッパ」4ヵ国、「北米」2ヵ国、「オセアニア」1ヵ国であり、「アジア」が半数を占めている。同様に輸出数量をみると、「アジア」61.7%、「北米」30.5%、「オセアニア」5.0%、「ヨーロッパ」2.8%であり、「アジア」と「北米」の2地域の比率が著しい（92.2%）。主要輸出相手国・地域の取引開始年次は、2000年のアメリカにはじまり、2006年シンガ

ポール、2012年香港、2013年カナダ、2017年中国、2018年オーストラリアと
なっている。

（３）輸出相手国・地域での小玉醸造による販路開拓・確保の展開

　小玉醸造は、（輸出相手国・地域で）現地生産されている清酒、国内の他
の事業者が輸出している清酒との差別化を重視していた。とりわけ、小玉醸
造は輸出向けアイテムを選択する際の特徴として、現地適応化を図るために
展示会・見本市の参加者およびインポーター、エンドユーザーとの意見交換
を繰り返し、輸出相手国・地域の消費者による嗜好や食文化等の消費者心理
や購買行動の把握に努めていた。

　調査時点で輸出実績を有するアイテムは４品目であり、その構成をみると
「純米吟醸酒・天巧（以下、「天巧」と省略）」50％、「純米吟醸・澄月（以下、
「澄月」と省略）」20％、「生酛・純米（以下、「生酛」と省略）」15％、「純米・
神月（以下、「神月」と省略）」15％であった（「**表6-4**」を参照）。これらの
アイテムに集中させた理由は、現地（輸出相手国・地域）での特定名称酒（吟
醸酒、大吟醸酒、純米酒、純米吟醸酒、純米大吟醸酒、特別純米酒、本醸造
酒、特別本醸造酒の８種類）に対する需要が大きい点を重視したためである。
このことを踏まえ、小玉醸造は前述の８種類の中でも米の旨味や甘み、コク
という原材料の品質が前面に出て食事に合わせやすい特性を有する「純米大
吟醸」「純米吟醸」「純米酒」という３種類のアイテムにスポットをあてて輸
出していた[7]。

　小玉醸造は、輸出相手国・地域の消費市場の特性に応じて以下のような販
売展開を行っていた。香港、シンガポール、中国、台湾の中華圏（輸出数量
全体の60％を占有）では、「天巧」「澄月」「生酛」の３品目を中心に販売し
ていた。近年、最大輸出相手国・地域の香港では、「澄月」の輸出数量が拡
大している。拡大の理由は、純米吟醸という特定名称酒の中でも上位にラン
ク付けされたアイテムであることに加えて、光沢の入った色鮮やかなラベル
が贈答用需要に対応しやすい点が高い評価を得ていた。

表6-4　小玉醸造における輸出相手国・地域別の主力アイテム

（単位：％、瓶／円）

アイテム	「純米大吟醸・天巧」	「純米吟醸・澄月」	「生酛・純米」	「純米・神月」
画像				
構成比	50%	20%	15%	15%
国内販売価格（税込）	3,080 円	1,540 円	1,265 円	1,155 円
主要輸出相手国・地域	香港、アメリカ、シンガポール、中国	香港、アメリカ、シンガポール	香港、カナダ、中国	カナダ

資料：訪問面接調査結果および小玉醸造 HP（https://shop.kodamajozo.jp/products/list.php?category_id=13）
　　　より筆者作成
注：国内販売価格は、4合瓶（720 ㎖）当たりの価格

　次いで北米向け輸出（輸出数量全体の30％）をみると、アメリカは「天巧」
「澄月」の2品目が中心であり、とくに前者の需要が顕著である。アメリカ
において「天巧」（「天巧」日本酒度＋2、酸度1.5）が好まれる理由として、
現地で流通している他の清酒事業者のアイテム（とりわけ、アメリカで現地
生産されている清酒）と比較すると淡麗辛口（一般的に日本酒度0以上、酸
度2.3以下のものを指しており、酸度が低いために口当たりが滑らかで飲み
やすいことやさまざまな料理に相性が良く合わせやすい特徴を有している）
という点が評価されていた[8]。このように現地の消費者による高い評価を追
い風にして、小玉醸造は現地で生産・販売されている清酒と比較すると4倍
以上の高額な価格設定である「天巧」の流通を可能としている[9]。
　さらにカナダでは「生酛」「神月」の2品目が主力アイテムであった。カ
ナダは他国・地域と異なり、各州にアルコール飲料を管理する政府機関が設
置されており、その規定の度合いは地域毎に異なっている。小玉醸造のカナ
ダにおける主要な販売エリアはオンタリオ州であり、政府機関である
LCBO[10] が一括管理（輸入・販売を独占）のもとで州独自のルールに対応

した取引が義務づけられている。具体的には、州内で酒類の輸出・販売をするにあたり、LCBO公認の輸入エージェントを介することに加えて、アイテム毎にエージェントが必要な規定となっている（調査時点の小玉醸造は2社の輸入エージェントの取引が義務づけられる）。さらに、販売開始から一定期間を経て在庫量が多かった場合は、売れ残った商品の数量に応じて費用負担が求められるという独特なルールも存在している[11]。

　以上のようにカナダは清酒輸出に対する関連法制度が厳格であり、継続した輸出を行うためには独自の対応を要するために他の輸出相手国・地域と比較すると労力や分析コストが嵩むのが実情である。こうした現地事情や内外価格差を鑑みて、小玉醸造はカナダにおいては純米大吟醸酒や純米吟醸酒よりも安価なアイテム（純米酒）を選択し、販売価格を抑える販売戦略を講じていた。

　図6-1は、小玉醸造による清酒輸出ルートを示したものである。この図から、小玉醸造には「インポーター＋卸売業者」と「輸出商社＋インポーター」という2形態の輸出ルートが存在している。最大輸出相手国・地域である香港は「インポーター＋卸売業者」を経由するケースである。前述のインポーターは香港資本であるものの、日本国内（北海道）に事務所を設置しており、

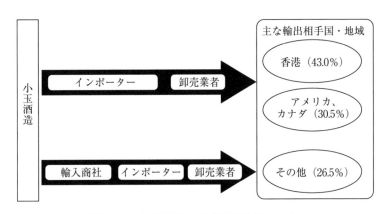

図6-1　小玉酒造による清酒輸出ルート
資料：小玉醸造資料より筆者作成

小玉醸造は現地市場の情報を適宜入手して輸出に対応できることをメリットとして挙げていた。北米も同様に「インポーター＋卸売業者」であるが、アメリカとカナダの現地のインポーターおよび卸売業者を経由するケースである。主要輸出相手国・地域である北米と香港はインポーターと小玉醸造が契約を締結する直接輸出であった。それ以外の輸出相手国・地域は「輸出商社＋インポーター＋卸売業者」という形態であり、主要輸出相手国・地域と比較すると経由するチャネル数が多くなっている。また、これらの国・地域は、日本国内の輸出商社と委託契約を締結した間接輸出の形態を採用していた。この理由は、輸出商社に支払う諸経費は生じるものの、現時点では輸出数量も限定されており、専門業者にアウトソーシングした方が輸出相手国・地域毎に異なる貿易実務や検疫等の煩雑な用務を省力できると判断したためである。なお、香港および北米、その他の輸出相手国・地域共通してエンドユーザーはインポーターに選考を一任しており、飲食店（日本食専門店）および量販店が中心となっている。

　輸出相手国・地域でのプロモーションに関しては、契約関係にあるインポーターと連携して現地での展示会・商談会に積極的に参加している。主要輸出相手国・地域である香港およびアメリカでは、現地の量販店・飲食店の参加者数が多い大規模なイベントに出展し、試飲会等を通じて直接自社でPRを行う機会を設けていた。上述の主要輸出相手国・地域以外においてイベントに出展する際には、前節で述べた秋田県および日本貿易振興機構秋田貿易情報センターによる支援や助成を受けて年間2回以上は現地での対面でのプロモーションを実施していた。しかしながら、2020年以降はコロナ禍の影響により、輸出相手国・地域へ渡航して自社による対面プロモーションは実施困難な状況が続いている。その代替策として、2020年7月以降はインターネット回線を使用したオンラインによるイベントの開催等で代替している。このようなイベントを継続して実施したことに伴いノウハウも蓄積され、最近では100名以上の参加者による大規模なオンラインイベントを開催している。

5. おわりに

　本章では、「食の海外展開と輸出」を検討する上でさまざまなアゲンスト
の影響を受けながらも堅調な輸出を維持している清酒に着目し、秋田県および小玉醸造を事例から、輸出マーケティング戦略の展開と課題について検討した。前節までに明らかにした点は以下の通りである。

　第1に、地方自治体による清酒事業者を対象とした支援事業は複数の国・地域を対象とした幅広いメニューが構築されていた。秋田県の事例では、最大輸出相手国・地域でのプロモーションは清酒事業者に委ねていた。ただし、それ以外の主要輸出相手国・地域や今後の展開を期待できる国（輸出実績を有していない国・地域の試験的な取組も含む）に関しては秋田県がプロモーションを担っていた。前述の多くの国・地域においてプロモーションを継続したことに伴い他の都道府県産との販路確保・確保競争の回避が可能となり、少ロット・多チャンネルという清酒輸出マーケティング戦略の構築に繋がった。このような戦略が功を奏して、現時点では全国の輸出相手国・地域の半数に該当する30ヵ国・地域程度の輸出を実現させている。秋田県による支援事業の存在は、中小零細規模の比率が高い清酒事業者の輸出を促進する上で効果的であり、県内の90％程度も参画するまでに至っている。

　第2に、最大輸出相手国・地域であるアメリカにおいて清酒輸出量の増加傾向が継続したことに伴いインポーターによる量販店・飲食店へのプロモーションの成否が販路開拓・確保の重要なポイントであることが明らかとなった。本章の事例からは、現地生産の清酒との差別化が可能な高品質なアイテムであっても効果的なプロモーションを継続できなければ、輸出数量の増加が見込めないことを示唆していた。

　以上の通り、輸出数量を安定させつつあるように見受けられる秋田県内の清酒事業者であるが、幾つか課題も残されている。先進的な事例に位置づけられる小玉醸造であっても出荷量に占める輸出数量は10％以下と限定的な比

率である。少子・高齢化で国内消費が停滞する情勢下で輸出は先行投資とい
う意向も含んで取り組む清酒事業者も多く、国内市場と同等なスタンスで輸
出に取り組んでいる清酒事業者は少ないと言わざるを得ない。もし、今後も
海外市場による需要が継続して拡大傾向を示した場合に中小零細企業中心の
清酒事業者のみで輸出に向けた事業拡大を目的とした資金調達や人材確保に
対応することが困難であることは容易に想定できよう。それに加えて、地方
自治体による輸出支援もプロモーション以外の領域には介入しにくい実情も
存在している。

　では、このような状況下で今後の秋田県による清酒事業者の輸出はいかな
る展開を遂げることが求められるのか。筆者は秋田県による清酒輸出の最大
の特長として参画している業者比率が他県よりも高い利点を活かすことがポ
イントでないかと考える。輸出需要の拡大に対応するため、特定の清酒業者
に集中させるのではなく、複数企業の共同出荷によって輸送の効率化および
コスト削減等に取り組み、全体としてのベースアップを図る取組が必要なの
ではないだろうか[12]。このような取組がわが国における清酒輸出の拡大や成
熟化に繋がるものと予測されるため、今後も継続して調査・分析を行ってい
きたい。

注
1）詳細は、作山（2021）を参照されたい。
2）本章の執筆にあたり筆者は、2020年12月に秋田県観光文化スポーツ部うまい
　もの販売課の担当職員、2021年1月に小玉醸造の役員を対象に訪問面接調査
　を実施した。ご多忙で尚かつコロナ禍でもあるにも関わらず、ご協力いただ
　いた皆様へこの場を借りて謝意を申し上げる。
3）農林水産省の調査によると、世界に日本食レストランと呼称されるものは15
　万6,308店が確認されている（農林水産省「海外における日本食レストラン数」
　https://www.maff.go.jp/j/press/shokusan/service/attach/pdf/191213-1.pdf）。
　また地域別の分布をみると、北米が最も多く2万9,400店（18.8％）が存在して
　いる（2019年時点）。さらに日本貿易振興機構ニューヨーク事務所（2018）に
　よると、アメリカには1万8,600店が確認されている（2018年時点）。
4）石塚・鈴木（2021）において地域内で参画する酒造業者数の少ないことが課

題として指摘されている。こうしたことから、秋田県は積極的な取組を示した地域に位置づけられる。

5）詳細は「美の国あきたネット」令和元年度当初予算目的設定一覧表（https://www.pref.akita.lg.jp/pages/archive/41142）および令和２年度当初予算目的設定一覧表（https://www.pref.akita.lg.jp/pages/archive/48542）を参照されたい。

6）石塚・安川（2019）、石塚・鈴木（2021）、澁谷（2015）を参照されたい。

7）「純米大吟醸酒」は、米、米麹および水を原料として造った酒であり、精米歩留は50％以下、麹米使用割合15％以上と定められている。それに加えて、固有の香味を持ち、色沢がとくに良好という要件が求められている。次いで「純米吟醸酒」は、米、米麹および水を原料として造った酒であり、精米歩留は60％以下、麹米使用割合15％以上と定められている。それに加えて、固有の香味を持ち、色沢が良好という要件が求められている。さらに「純米酒」は白米、米麹および水を原料として造った酒であり、香味および色沢が良好なものを指している（麹米使用割合15％以上）。詳細は日本酒造組合中央会webサイト（https://japansake.or.jp/sake/know/what/02.html）を参照されたい。

8）一般的に辛口の清酒は寒い地域で造られることが多く、淡麗辛口の主流といわれているものは新潟県や福井県をはじめとして、東北地方等の稲作が盛んな地域で多く造られている。

9）小玉醸造の役員に対する訪問面接調査によると、アメリカでの「純米吟醸酒・天巧」の販売価格（４合瓶／ドル）は66.0ドルであった。アメリカで現地生産されている同じ規格の清酒の価格をみると「松竹梅」8.96ドル、「月桂冠吟醸」16.99ドルであり、その差は著しい。

10）Liquor Control Board of Ontarioの略称である。

11）一般的にカナダでは国内販売価格の2.5倍以上の価格で流通するのが主流である。それに加えて、輸出形態によって異なるものの、以下の費用負担が加わることが想定される。第１に販売開始から60日以内で在庫量の75％以上を販売できない場合は、売れ残った商品に対してLCBOから清酒業者またはエージェントに費用負担が求められるケース（売れ残った数量の販売価格の20％）、第２に販売開始から61日目以降は倉庫保管料が発生し、６ヵ月以上経ても売れ残った場合は、LCBOによって25％割引で販売される上に、清酒業者またはエージェントに割引分の費用負担が求められるケースである（当該商品はその後の１年間は州内での販売停止）。詳細は、日本貿易振興機構農林水産・食品部、国税庁酒税課（2018）を参照されたい。

12）共同輸出によるメリットについては、石塚・安川（2019）を参照されたい。

引用・参考文献

井出文紀（2019）「日本酒蔵元の集積と海外展開―飛騨・信州の事例―」『立命館

国際地域研究』49，pp.69-92.

石田信夫（2009）「世界に離陸したSAKE」『日本醸造協会誌』104（8），pp.570-578.

石川啓雅（2020）「日本酒の「世界商品」力で考える―清酒の輸出は縮小する国内市場を代替できるか？―」『高岡法学』38，pp.159-183．https://doi.org/10.24703/takahogaku.38.0_159

石塚哉史・鈴木悠平（2021）「福島県内酒造業者における日本酒輸出の今日展開と課題」増田聡・中村哲也・石塚哉史編『大震災・原発事故以後の農水産物・食品輸出―輸出回復から拡大への転換に向けて―』農林統計出版，pp.81-99.

石塚哉史・安川大河（2019）「酒造業者による輸出マーケティング戦略の展開と課題―北東北地方の事例を中心に―」福田晋編『加工食品輸出の戦略的課題―輸出の意義、現段階、取引条件、および輸出戦略の解明―』筑波書房，pp.167-181.

喜多常夫（2012）「成長期にあるSAKEとSHOUCHU」『日本醸造協会誌』107（7），pp.458-476.

小桧山俊介（2008a）「日本酒製造業にとっての海外市場の意義と可能性（Ⅰ）」『日本醸造協会誌』103（4），pp.204-207.

小桧山俊介（2008b）「日本酒製造業にとっての海外市場の意義と可能性（Ⅱ）」『日本醸造協会誌』103（5），pp.310-313.

日本貿易振興機構ニューヨーク事務所サービス産業部・サービス産業課（2018）「平成30年度米国における日本食レストラン動向調査」．https://www.jetro.go.jp/ext_images/_Reports/02/2018/c928ae49736af7f3/us-report-201812r2.pdf

日本貿易振興機構農林水産・食品部、国税庁酒税課（2018）「日本酒輸出ハンドブック―カナダ編―」．https://www.jetro.go.jp/ext_images/_Reports/02/2018/51dd11efaa033ed0/ca_reports.pdf

大仲克俊・西川邦夫（2021）「近年における日本産米・清酒の商業輸出の動向と課題」西川邦夫・大仲克俊編『環太平洋稲作の競争構造―農業構造・生産力水準・農業政策―』農林統計出版，pp.89-124.

作山巧（2021）「輸出偏重農政の功罪―5兆円目標の妥当性を評価する―」谷口信和・平澤明彦・西山未真編『新基本計画はコロナの時代を見据えているか』農林統計協会，pp.101-112.

澁谷美紀（2015）「地方酒造業者における米国輸出行動の特徴」『フードシステム研究』22（3），pp.323-328.

下渡敏治（2014）「日本食（和食）のグローバル化と農産物輸出の展望と課題」『開発学研究』25（3），pp.1-11.

（石塚哉史）

第7章

取引が多角化する中での農協マーケティング

1. 背景と課題

(1) 本章で議論する産地マーケティング

　農産物マーケティングの特徴として、「多数の農業経営体が地域的に集積して産地が形成され共同輸送や共同販売が行われており、意思決定主体が重層的に存在する」（河野2019）ことが挙げられる。本章では、多様な意思決定主体が存在する中でも、農協や生産部会、あるいは地方自治体が、地域の農業経営者の集合的な意向を反映してマーケティング諸活動を行っている場合、これを産地マーケティングと呼ぶことにする。農産物市場において、零細な個々の農家にはマーケティング的な操作性がほとんどない中で、農協に集積されてロットが大きくなることで、共同販売（以下、共販）組織としてマーケティング的な操作性が生まれることから、従来、産地マーケティングは、農協マーケティングとして行われてきた[1]。マネジリアル・マーケティングは個別企業における市場対応を体系化したものであるが、こうした企業的なマーケティングに対比したとき、マーケティング組織としての農協マーケティングの特徴は、本来の意思決定者である農家が零細で多数に及ぶこと、および、マーケティング活動はそれら農家の集合的な意思を反映しながら行われなければならないこと、加えていえば、協同組合として組合員である農

家間の公平性と個々の農家の意思決定が尊重されなければならない、という点に求められよう。こうした組織的特徴は、近年の市場環境変化に対する農協の市場対応を規定するものである。本章では、とくに青果物を念頭に、市場環境が変化する中での農協マーケティングについて展望したい。

（2）市場環境変化と農協共販事業

　農協共販が現在直面している市場環境変化とマーケティング上の課題を示すうえで、農協共販が普及・確立した市場環境を概観しておくことは有益であろう。青果物流通における農協共販の重要性とマーケティングのあり方を規定した当初の制度的な背景に、卸売市場制度と1966年制定の野菜生産出荷安定法（以下、野菜法）がある。1966年以降、1980年代半ばまでの間は、野菜法のもとで主産地形成が進んだ時期である。それに伴って、それらの荷の多くが大都市中央卸売市場に集荷される広域流通体系が定着した。また、卸売市場においては、オークションを通して日々の需給均衡価格を発見し、かつ、価格形成に流通主体の操作性をなくす、つまり独占力を発揮する余地をなくすよう、制度設計が行われていた。集荷される農産物がコモディティグッズ[2]であることを前提としたとき、こうした制度設計は、安定的かつ効率的な広域流通を実現する上で、有効なものである。

　卸売市場における主要な買手は仲卸業者である。その納入先として当時台頭してきたスーパーマーケットチェーンのニーズを反映して、仲卸業者の卸売市場における調達では、同一品種・規格におけるロットの大きさ、ロットごとの品質の高さ、品質の安定性に重点が置かれていくことになる。そうした環境下での農協共販におけるマーケティング目標は、卸売市場における日々のスポットでの価格形成において、できるだけ高い価格を実現することである。そのために、共販に参加する農家で品種・栽培方法を統一し、また、規格化と選果基準の厳格化を進めることで、規格ごとの品質の安定化を図り、さらに、産地の共販率を高めたり、共販グループを統合していくことで、産地としての規模拡大を図るといった戦略がとられることになる。以上のよう

に、一つの共同販売組織として、多くの農家を組織化し、産地全体としての価格の最大化を目指す訳であるが、その成果を公平に分配し、また、農家に共販に参加するインセンティブ、単収増加・品質向上のインセンティブを与える仕組みとして重要な役割を担うのが共同計算である。共販出荷農家に対して、一定期間の出荷先市場別・日別の実現価格をプールした上で、平均化した価格で農家に精算するものである。この利点として、複数の出荷先市場間あるいは日別の出荷量配分において、農家は自身の生産物がどこに仕向けられるか、いつ出荷するかに関わらずプール価格が実現するため、農協としては、個々の農家の意向にとらわれず、産地全体の売上を最大化するように出荷量を配分しやすくなるという点が挙げられる。また、規格化されている場合、等階級別の精算価格に重みをつけるなど、特定の等階級への生産インセンティブを与えることも比較的容易である。農協共販と共同計算の事業方式が有効に機能し得ていた時期と考えて良いであろう。

　しかし、1970年代半ば以降からの食の外部化比率の増加に伴い、青果物市場における買手として加工メーカー、外食産業などの産業用使用者のシェアが拡大し、また、1990年代から2000年代にかけて青果物小売業における食品スーパーのシェア拡大が進み、卸売段階における青果物市場構造は大きく変化することになる。大手チェーンスーパーや産業用使用者（以下、これらを総称して（農協にとっての）実需者と呼ぶ）の安定取引志向を受けて、従来のスポットでのセリ・相対取引だけにとどまらず、卸売市場における予約型取引や契約的取引などの垂直的な取引関係の構築、あるいは市場外での産地との直接取引などが徐々に進み、青果物流通チャネルが複線化してきた（森高2013）。この理由として、産地と産業用使用者との取引においては、マッチングにおける特化性が高くなりやすいこと（浅見1993）[3]、さらに、そうしたマッチングにおいては、探索・交渉といった取引コストの節約のための継続的取引が志向されやすいこと（浅見2003）、また、スーパーの計画的な調達行動に対応するために、価格・数量・規格とも不確実性の高いセリ取引よりも、より安定的な取引方法が志向される（佐藤1997，p.77.）ことが挙げ

られている。なお、リスク回避志向は、スーパーに限らず、産業用使用者においても、また、産地においても雇用型経営による規模拡大を目指す農家においても見られるものである。取引に対するリスク回避度が高い、すなわちリスクプレミアムの大きい当事者同士がマッチングすれば、契約的・継続的な取引へ移行しやすくなる（森高2013）。

　以上のような流通の変化によって、農協共販においては、単純に卸売市場へ委託販売する形から、複線化した取引にいかに対応するかという課題が生じることになる。2015年日本農業市場学会シンポジウムで小野・片岡（2015）は「農協の共販事業の有効性や意義がどこにあるのか、どのような事業方式がふさわしいのか、という問い直しが必要な段階に来ている」と問題提起し、コメンテーターである板橋（2015）は「増田報告では、「商品別、生産者タイプ別の組織化（部会の細分化）は有力な方策である。」と端的に述べられている。また、徳田報告では、多様化した産地内の生産者への対応としては生産者の条件に応じた品目や流通チャネルの必要性や重層的な産地づくりの指摘があり、瓦井報告でも「部分的販売戦略」として同様な指摘がある。ニュアンスの違いはあれ、従来の共販体制と異なり、生産者組織を分化することの必要性が示唆されているとみられる。」と整理し、また、「全国農協大会の組織協議案において、(中略)「販路別等の部会の細分化」「複数共計の導入」として明記されている」ことも指摘した上で、生産者組織細分化と農協共販の位置づけとの整合性について、問いを提示している。この点は当該シンポジウムで議論が尽くされなかった、残された課題といえよう。

　産地マーケティング、とくにその中心となっている農協マーケティングの今後を展望する上で、本章の問題意識も、板橋（2015）と共通のものである。同一品目の農協共販であっても、取引が複線化し、取引ごとに品種や栽培方法、作型などが異なってくると、取引間で農協の販売価格、農家の生産費、あるいは農家の取引に対する選好度合いに差が生まれるといったことが生じる。また、卸売市場出荷の際に、市場の代払機関を通した3日程度の短期間での確実な代金回収に対して、市場を通さない契約的な取引においては、代

金回収の期間が20 〜 30日程度に長期化し、また、代金回収のリスクも発生する。こうした取引間の相違が著しくなると、同一品目であっても、部会員全体で一つの共同計算方式を適用することは一般に困難になってこよう。そこで、上述のような、生産者組織の分化と複数共計という新たな事業方式への発想となるのであるが、その際に農協として、産地全体の利益最大化、農家間の公平性の担保、農家の出荷インセンティブの確保といった複数の目的（これらは農協共販の理念といっても良いであろう）を同時に満たしながら、事業運営を行っていくことができるかという疑問が出てくるのである。

（3）本章の課題と構成

上記「複数の目的」の中でも最も重視すべきは、産地全体としての利益最大化であろう。最大化された利益が適切な分配を通して、農家に還元されれば、パレートの基準[4]で産地にとって最も望ましい帰結となるからである。そこで、本章での分析的な視点は、「協同組合として、農家間の公平性の担保と、農家の出荷インセンティブの確保を実現しようとすると、取引が複線化した中で産地としての利益最大化は可能か」となる。

マーケティング分野において、事業が多角化する中で、長期的視点から企業の利益を最大化するための事業戦略策定は、戦略的マーケティングと呼ばれる領域に属する[5]。まず、第2節では、事業多角化における戦略的マーケティング論の視点から、同一品目の取引が複線化するなかで、農協がこれらに戦略的マーケティングを適用することの困難について論証する。また、先述のように、マーケティング組織としてみたときの農協共販は、個々の利益を最大化しようとする零細・多数の農家と、産地全体の利益を最大化しようとする農協という、重層的な組織となっており、相互の目的は完全には一致していない。取引が複線化してきた現在の市場環境のもとで、こうした組織構造がマーケティング組織として機能的に対応できるかを検討するには、組織の経済学の視点が有用である。第3節では、農協共販組織にあって、農協の目指す産地の売上最大化と、個々の農家にとっての売上最大化の間で発生

するコンフリクトが、いかに多角化戦略を制約するかという点を、組織の経済学の枠組みから論証する。第4節では、以上の分析を総括して、農協の取引多角化を進める上での基本方針がどのようなものとなるべきか考察する。

2．農協共販における戦略的マーケティング論の不在

　農協共販におけるマーケティング論からの議論では、卸売市場への委託販売を念頭に、これまで単一の取引を対象としたマーケティング戦略（マーケティング諸要素）を検討するものが多く[6]、その後、取引が複線化していくなかで、実需者への対応における継続的取引や契約的取引を念頭に関係性マーケティングの必要性を説くものが登場した[7]。その一方で、事業単位で見たときには必ず衰退期が訪れる（製品ライフサイクル仮説）という仮説あるいは観察に基づいて、長期的な投資収益率（ROI：Return On Investment）の極大化を目指して、個々の事業単位ごとではなく、全体的見地から、事業多角化と事業の組合せ（ポートフォリオ）を戦略的に進めようとするものが、戦略的マーケティングである。

　国内青果物流通と農協共販に即して述べると、卸売市場でのスポット取引は、全体の取引規模を縮小させてきている、いわゆる衰退期に入っており、農協が市場でのスポット取引にのみ固執すると、競合する産地間での生き残り競争が熾烈なものとなると予想される。その場合、供給過剰基調にいっそうの拍車がかかり、収益性は長期的に悪化することは避けられない。産地として長期的に収益を極大化していくために、新たな成長事業へ農家や農地、その他の資源を振り向けていく必要がある。そうした成長事業の筆頭と捉えられているのが、市場シェアを拡大させてきた実需者との継続的取引・契約的取引への参入である。そして、この新規の成長事業において、先発優位[8]が見出せる場合には、当該新規事業の収益が当初赤字であっても、将来のより大きな収益獲得の可能性にかけて、より積極的に産地の資源を集中し、当該新規事業への投資を進めるという考え方ができる。このように、戦略的マ

ーケティング論は、市場環境の変化に対して、事業の多角化と事業間の戦略
的な重みづけを行っていこうとするものである。

　農協に対して戦略的マーケティングの適用を行った研究は管見の限り、梅
沢（1990）のみである。ただし、それは事業を経済事業、信用事業、共済事
業といった単位で捉えたよりマクロな戦略を対象としたものである。同一品
目の農協共販内での取引の多角化に戦略的マーケティング論を適用する議論
はこれまで見られなかった。これは、以下で見るように、農協共販にとって
そうした戦略的対応がそもそも難しいことが理由と考えられる。

　農協共販における同一品目内での取引の多角化の動きは、20年ほどの期間
をかけて、徐々に増加してきたものである。尾高・西井（2021）によると、
2003年に始まったJAの「経済事業改革」の中で、量販店、外食業者に加えて、
中食や加工業者も実需者に位置付け、多様な実需者に対応する取引方法が模
索されるようになっている。現在まで、取引の多角化につながる新規の取引
をいかに農協共販に導入するか、という多角化における導入段階の議論が続
いている。そして、理論的にも実践的にも、グループ化対応とそれにともな
う複数共計の導入がその解決策として浸透しつつあるとみられる。具体的に
は、取引が多様化する中で、これに対応する形で農協の生産部会も細分化が
進んでおり、直売所への出荷を目的とした生産部会、特定の生協や量販店へ
の出荷を目的とした生産部会、加工・業務用への出荷を目的とした生産部会、
出荷先は特定していないが減農薬栽培など栽培方法を特定した生産部会、生
産者の技術水準を特定した生産部会の設立がみられる（尾高2008；尾高・西
井2021）。

　板橋（2021）はマーケットイン型産地づくり、つまり、「実需者を意識し、
そのニーズに主体的に働きかけるために営農関連事業や生産部会の見直しを
図る」上で、「多くの場合に小グループ化を通じた共計の複数化が必要になる」
ことを説いた。板橋によると、現行の共選体制で実需者への対応が可能な場
合には、部会全体でレギュラー品と実需者対応の商品の両方に対応し、共計
も部会で１本とする「部会全体型」が適しており、しかし、実需者対応の商

品において現行の共選体制で対応できない場合や技術革新志向の生産者が存在する場合には、生産者を特定し、特定の資材の使用や栽培技術の見直しを行って対応する「部会内小グループ型」での対応が望ましく、JAが加工・業務用需要の安定調達ニーズへ対応する際に、大規模化し法人化した経営体を取り込むためには、既存の部会外に小グループを設ける「部会外小グループ型」が適していることを提言した。なお、後の2者はいずれも複数共計の導入を前提としたものである。尾高・西井（2021）による複数事例からの整理では、「既存の生産部会とは別に契約的取引に参加する生産者を小グループ化」する形を「基本としてさまざまなタイプがあること」を指摘している。

　これらは多角化における新事業導入のための議論として位置づけられよう。ただし、戦略的マーケティング論の観点からすると、より長期的には、グループ間の調整をいかに進めるかという課題に直面すると考えられる。多角化した取引ごとに、そこへの参画を希望する農家数や栽培面積といった供給側と、取引先の希望調達数量といった需要側とがマッチするとは限らない。むしろ一般にはマッチしないであろう。あるいは、現時点でマッチしていても、市場環境の変化や農家の認識の変化、技術の変化などに伴って、需給に変化が生じたときに、その取引に参画する農家数や栽培面積の増減を調整する必要が生じてこよう。また、そのことと表裏一体の問題となるが、直面する需要に産地内の農家数や栽培面積の割り当てをマッチさせようとすると、農家のインセンティブを調整する必要が生じる。こうした問題は、単純に取引ごとに共同計算を分けるだけでは解決できない問題となる。

　以上のように、農協共販において同一品目の取引を多角化させる過程において、戦略的なマーケティングの適用、すなわち、全体的視点から戦略的に各取引への出荷量割当や集中的な投資を行うには、共販組織特有の重層的な意思決定構造が大きな制約となってくるのである。

3．取引多角化のもとでの農協共販事業方式のモデル分析

（1）モデルの設定

　本節では、複数の取引チャネルに直面する農協が、産地としての売上最大化を実現しようとする際に、農協共販組織であるということが、どのように産地としての利益追求における組織上の難しさをもつのか、組織の経済学の視点から明らかにする。

　問題の根幹を明らかにするために、以下のような簡単化されたモデルを用いる。まず、同じ品目・品種・栽培方法をとる同質なQ戸の農家によって構成される農協共販組織を想定する。そして、農協によって集荷された生産物の販売チャネルとして、卸売市場の卸売会社へ委託販売するチャネル（以下、市場委託）と、卸売市場を経由せず量販店ないし実需者との直接取引を行うチャネル（以下、直接取引）の二つのチャネルがあるものとする。なお、モデルとして明示的には扱わないが、農家が農協共販を離脱して直接取引と同様の差別化内容で系統外での独自販売を行うことも可能であると考える（以下、系統外販売）。

　1農家は1単位の生産を行うものとし、したがって、当該産地・当該品目の総出荷量もQで一定と仮定する。農協は集荷量について、市場委託への出荷量q_Wと直接取引での出荷量q_Dに割り当てることで、農協共販全体の利得（（10）式で後述）を最大化することを目指すものとする。

$$q_W + q_D = Q \tag{1}$$

　一方、共販に参加する各農家は、市場委託グループへ参加するか、直接取引グループへ参加するかを選択できる場合は、自身の利得を最大化するために仕向け先を決定するものとする。

　次に、農家にとって、市場委託に仕向けるための1単位の生産費をc_W、直接取引に仕向けるための1単位の生産費をc_Dと表す。直接取引に仕向けるにあたって、何らかの差別化対応が必要であることを想定し、両生産費の

間には、次の関係を仮定する。

$$c_W < c_D \tag{2}$$

なお、本モデルでは簡単化のために、集出荷経費・販売経費はゼロとする。

　次に、市場委託において当該農協が直面する逆需要関数を次のように置く。

$$p_W = \alpha - \beta q_W \tag{3}$$

ただし、q_Wは市場委託へ仕向けられた出荷量、p_Wは市場委託における販売価格、α、βは非負の定数である。一方、直接取引において当該農協が直面する逆需要関数を次のように置く。

$$p_D = \gamma - \delta q_D \tag{4}$$

ただし、q_Dは市場委託へ仕向けられた出荷量、p_Dは市場委託における販売価格、γ、δは非負の定数である。

　ここで、パラメータの大きさについて、次のように仮定する。

$$0 \leq \alpha < \gamma、0 \leq \beta < \delta \tag{5}$$

$$0 < \alpha - c_W < \gamma - c_D \tag{6}$$

　(5)で逆需要関数の傾きのパラメータにいずれも非負という仮定を置くことは、農協が市場委託と直接取引のいずにおいても寡占的な供給者となっていること、したがって、価格受容者とはなりえず、出荷量が多くなりすぎると販売価格の低下を招くことをモデルにおいて仮定しているということである。また、(6)で仮定される逆需要関数の切片と生産費についての大小関係は、直接取引において適切に数量を抑えることができれば、産地は直接取引において、市場委託で得るマージンよりも高いマージンを実現することが可能であるということを仮定したものである。

　農協共販における市場委託グループの農家利得 π_W、直接取引グループの農家利得 π_D を次のように表す。

$$\pi_W = t_W - c_W、\pi_D = t_D - c_D \tag{7}$$

ここで、t_W、t_Dはそれぞれ、農協から各農家に対する1単位の生産量当たりの精算額である。このとき農協の利得π_oは、

$$\pi_o = (p_W - t_W)q_W + (p_D - t_D)q_D \tag{8}$$

となる。そして、農協と農家を含めた共販全体の利得を S_T と表すと、これは次のようになる。

$$S_T = (p_W - c_W)q_W + (p_D - c_D)q_D \qquad (9)$$

右辺第1項が市場出荷における共販全体の収益、右辺第2項が直接取引における共販全体の収益である。

　以上のモデルを用い、以下では、(ⅰ)農協が産地全体の利得を最大化するように総出荷量 Q の販売先間への配分を調整し、かつ、販売先グループごとに独立して共同計算を行う複数共計を導入する場合、(ⅱ)複数共計を採用し、かつ、農協が販売先間の出荷配分を行わず、農家が自己の利得を最大化するように自身の生産量1単位の出荷先を選択できる場合、(ⅲ)農協が共販全体の利得を最大化するように総出荷量 Q の販売先間への配分を調整し、かつ、共同計算においては両販売先グループを合わせた全体でプール計算を行う場合、の3ケースの帰結を比較することで、農協共販組織が同一品目で販売多角化を進める際に直面する本質的な課題について明らかにする。

（2）農協共販の理念のモデル内での表現

　一般に共有されているであろう農協共販の基本理念として、本章では以下の4点について検討を進めていく。第1に、農協は農協共販全体としての利得最大化を目指すということ、第2に、農協は販売事業で得られた経済余剰を共販に参加した農家にすべて還元するということ、第3に、共販に参加する農家間では、公平性が保たれるべきであること、第4に、共販への参加や、参加農家の販売先選択において、農家の意向が尊重されるべきであるということ、である。

　これらの条件はモデルにおいては以下のように表される。

理念①　共販組織全体としての利得最大化

$$\max S_T$$

理念②　農協の収支均衡

$$S_T = (p_W - c_W)q_W + (p_D - c_D)q_D = (t_W - c_W)q_W + (t_D - c_D)q_D$$

これは、農協共販を通して発生した粗利は、精算額t_W、t_Dを通してすべて農家へ還元されることを示す条件である。加えて、農協の収支均衡は、農協が将来への債務によって、現在の農家へ利益分配を行わないこともモデルにおいて示すものである。

理念③　農協共販参加農家の利得均衡

$$\pi_W = \pi_D$$

これは、市場委託グループの農家と直接取引グループの農家の間で農家利得に差が出ないことを示す条件である。もし両者に差があった場合に、共販に参加する農家は、より高い利得が得られる方へ共販グループを変更することを認めることで、最終的に両利得が均衡し、仕向け先の選択において、農家のインセンティブ合理性が満たされていることを仮定するものである。

　以下の分析では、共販の事業方式・共同計算方式の選択において、これらの理念間でどのようにコンフリクトが発生するのかを見ていく。

（3）共販の事業方式・共同計算方式の選択におけるコンフリクト

1）ケース（i）農協が産地全体の利得を最大化するように総出荷量Qの仕向け先を選択する場合

　共販全体の出荷量はQであるので、共販全体の利得を最大化することは、次のように農協による出荷先割当問題に帰結する。

$$\begin{aligned} &\max_{q_W, q_D} S_T \\ &s.t. \quad q_W + q_D = Q \end{aligned} \tag{10}$$

このラグランジュ関数 $L = S_T + \lambda(Q - q_W - q_D)$ について、内点解を仮定し、利得極大化のための一階の条件を求めると以下の通りとなる。

$$\partial L / \partial q_W = MR_W - MC_W - \lambda = 0 \tag{11}$$

$$\partial L / \partial q_D = MR_D - MC_D - \lambda = 0 \tag{12}$$

$$\partial L / \partial \lambda = Q - q_W - q_D = 0 \tag{13}$$

ただし、$MR_W = \alpha - 2\beta q_W$、$MR_D = \gamma - 2\delta q_D$、$MC_W = c_W$、$MC_D = c_D$で

あり、それぞれ市場委託と直接取引の限界収入と限界費用となっている。(11)
(12) 式から直ちに、

$$MR_W - MC_W = MR_D - MC_D \tag{14}$$

が導かれ、農協が共販全体の利得最大化を目指す場合は、チャネル間の限界
利得が均衡するように出荷先割当を行わなければならないことを示している。

最適出荷量と販売価格を右上添字 (i) を使って表すと以下の通りとなる。

$$q_W^{(i)} = \frac{1}{2} \cdot \frac{(\alpha - c_W) - (\gamma - c_D)}{\beta + \delta} + \frac{\delta Q}{\beta + \delta} \tag{15}$$

$$q_D^{(i)} = -\frac{1}{2} \cdot \frac{(\alpha - c_W) - (\gamma - c_D)}{\beta + \delta} + \frac{\beta Q}{\beta + \delta} \tag{16}$$

$$p_W^{(i)} = \frac{\alpha\beta + 2\alpha\delta + \beta\gamma + \beta(c_W - c_D)}{2(\beta + \delta)} - \frac{\beta\delta Q}{\beta + \delta} \tag{17}$$

$$p_D^{(i)} = \frac{\gamma\delta + 2\beta\gamma + \alpha\delta + \delta(c_D - c_W)}{2(\beta + \delta)} - \frac{\beta\delta Q}{\beta + \delta} \tag{18}$$

共同計算において、販売先グループごとの複数共計を採用する場合、農家
への精算額はそれぞれ農協の販売価格となる。

$$t_W^{(i)} = \frac{p_W^{(i)} q_W^{(i)}}{q_W^{(i)}} = p_W^{(i)} 、 t_D^{(i)} = \frac{p_D^{(i)} q_D^{(i)}}{q_D^{(i)}} = p_D^{(i)} \tag{19}$$

Q が十分に大きい範囲では $q_W^{(i)} > q_D^{(i)}$ が成立し、このとき $\pi_W^{(i)} < \pi_D^{(i)}$ となる。
共販全体の利得最大化を目標とするとき、その基本方針は、数量を抑えるこ
とで販売価格上昇を図れる販路では、出荷量を抑え、その分、数量が多くな
っても価格が下がりにくい（需要の価格弾力性の大きい）販路で数量を捌く
というものである。この方針のもとでは、共販グループ別に農家利得の格差
が発生することになる。

つまり、同一品目の取引を多角化した農協共販において、共販組織全体と
しての利得最大化（理念①）と、農協の収支均衡（理念②）、という二つの

理念に従って出荷割当を行った結果、農協共販参加農家の利得均衡（理念③）が満たせなくなるのである。ここで生じる農家の収益差は、収益で劣位におかれる共計グループ（本モデルでは市場委託グループ）の農家にとって、そのグループに所属することのインセンティブ合理性が満たされない、すなわち、出荷先の割当に対する不満となって表れることになる。

2）ケース（ii）農家が自己の利得を最大化するように自身の生産量1単位の出荷先を選択できる場合

　次に、共販に参加する農家の出荷先を農協が全体最適を考えて割り当てる（理念①）のではなく、個々の農家が自身の希望に沿って選択できる場合を考える（理念③）。なお、市場委託と直接取引で共同計算を区分し（複数共計）、理念②に従って、農協共販を通して発生した粗利は、精算額 t_W、t_D を通してすべて農家へ還元されるものとする。

　農家間の取引先間移動がなくなるのは（つまり、農家間の不満がなくなり、各農家にとって販路選択におけるインセンティブ合理性が満たされるのは）、取引先間で農家利得が均等化した時である。ここでも、複数共計を前提としているので、$t_W = p_W$、$t_D = p_D$ となり、農協共販参加農家の利得均衡条件 $\pi_W = \pi_D$ は次のように書き換えられる。

$$(\alpha - \beta q_W) - c_W = (\gamma - \delta q_D) - c_D \tag{20}$$

　この条件下で成立する市場委託の出荷量 $q_W^{(ii)}$、直接取引の出荷量 $q_D^{(ii)}$、市場委託の販売価格 $p_W^{(ii)}$、直接取引の販売価格 $q_D^{(ii)}$ は、$q_D = Q - q_W$ より、それぞれ以下の通りとなる。

$$q_W^{(ii)} = \frac{(\alpha - c_W) - (\gamma - c_D) + \delta Q}{\beta + \delta} \tag{21}$$

$$q_D^{(ii)} = -\frac{(\alpha - c_W) - (\gamma - c_D) + \beta Q}{\beta + \delta} \tag{22}$$

$$p_W^{(ii)} = \frac{\alpha\delta + \beta\gamma + \beta(c_W - c_D) - \beta\delta Q}{\beta + \delta} \tag{23}$$

$$p_D^{(ii)} = \frac{\alpha\delta + \beta\gamma + \delta(c_D - c_W) - \beta\delta Q}{\beta + \delta} \tag{24}$$

ここで、(6)式 $\alpha - c_W < \gamma - c_D$ の仮定より、

$$q_W^{(ii)} - q_W^{(i)} = \frac{1}{2} \cdot \frac{(\alpha - c_W) - (\gamma - c_D)}{\beta + \delta} < 0 \tag{25}$$

である。共販全体の利得最大化を複数共計のもとで目指した（i）のケースにおいて、利得の面で出荷先割当に不満が生じたのは市場委託グループであった。農家の自主的な出荷先グループの選択を認めた（ii）のケースにおいては、この市場委託グループの一部の農家が直接取引グループへ移動することを示している。そして、それは両取引の農家利得が均衡するまでつづくことになる。結果、農協共販全体としての利得は最大化できなくなる（$S_T^{(i)} > S_T^{(ii)}$）。

　加えて、（i）の共販全体の利得最大化を目指した場合に比べて、市場委託グループの農家利得を高く、直接取引グループの農家利得を低くすることになる（$\pi_W^{(i)} < \pi_W^{(ii)} = \pi_D^{(ii)} < \pi_D^{(i)}$）。同時にこのことは、直接取引グループの農家にとって、系統外で販売するインセンティブが強くなったことを意味する。

3）ケース（iii）共販全体の利得最大化と農家の利得均等化を両立するためのプール計算と経費調整方式

　（i）と同様に共販全体の利得を最大化できるように、農協が取引先別の出荷者数を割り当てるものとする（$q_W^{(iii)} = q_W^{(i)}$、$q_D^{(iii)} = q_D^{(i)}$）。また、農協の収益は共販に参加した農家にすべて還元するが（理念②）、市場委託グループと直接取引グループで独立して共同計算するのではなく、両グループの農家利得が均等化できるよう、一つの共同計算の中で、両グループ間の費用差を調整して精算額を決定するものとする。

　つまり、共販全体の利得は、

$$S_T^{(iii)} = \left(p_W^{(i)} - c_W\right) q_W^{(i)} + \left(p_D^{(i)} - c_D\right) q_D^{(i)} \tag{26}$$

となり、これが取引先グループ間の農家利得が均衡するように精算される。

$$\pi_W^{(iii)} = t_W^{(iii)} - c_W = t_D^{(iii)} - c_D = \pi_D^{(iii)} \tag{27}$$

(26)(27) を連立して解くと、精算の計算式が次のように得られる。

$$t_W^{(iii)} = \frac{p_W^{(i)} q_W^{(i)} + p_D^{(i)} q_D^{(i)}}{Q} - \frac{q_D^{(i)}}{Q}(c_D - c_W) \tag{28}$$

$$t_D^{(iii)} = \frac{p_W^{(i)} q_W^{(i)} + p_D^{(i)} q_D^{(i)}}{Q} + \frac{q_W^{(i)}}{Q}(c_D - c_W) \tag{29}$$

それぞれの精算額について、右辺第1項は両グループをプールして計算した平均販売価格、第2項はグループ間の生産費差の調整金となる。

この結果、農協共販において、共販全体の利得最大化（理念①）と農家の自由な出荷先選択（理念②）が同時に満たされることになり、農家利得は（ii）のケースより改善することになる。

また、直接取引グループの農家利得については、(ii)のケースよりも改善し、系統外で販売するインセンティブが弱められることになる。ただし、（i）のケースに及ばないことには変わりないため、依然として系統外で販売するインセンティブが発生すること自体は完全には解消されないものとなる（$\pi_W^{(i)} < \pi_W^{(ii)} = \pi_D^{(ii)} < \pi_W^{(iii)} = \pi_D^{(iii)} < \pi_D^{(i)}$）。

（4）モデル分析結果の比較検討

分析ケース（i）(ii)(iii)の結果を表7-1にまとめる。ケース間の結果比較を通して示唆されることは、取引先が多角化していく市場環境において、農協共販にとってすべての目的や理念を両立する事業方式は存在しないということである。

ケース（i）は共販全体の利得最大化を実現する出荷先割当を行った上で、複数共計を採用するケースであり、この時、農協共販へ所属するインセンティブ（系統外へ出ないインセンティブ）は強いものの、共販に参加する農家間での利得均等化は実現できないものとなる。実務上、（i）の方式は組合員

表7-1 モデル分析結果のケース間比較

		ケース（i）	ケース（ii）	ケース（iii）
事業方式	出荷先選択	農協主導による出荷先割当	農家主体の出荷先選択	農協主導による出荷先割当
	共同計算	取引先グループ別に独立して共同計算（複数共計）	取引先グループ別に独立して共同計算（複数共計）	販売額は全体でプールし、取引先グループ別の費用差を考慮した上で、精算額を調整
理念①：共販全体の利得最大化		○	×	○
理念③：同一品目の共販に参加する農家間の利得均等化		×	○	○
農協離れの可能性の低さ		○	×	△
実施の容易さ		△	○	×

　の不満を抱えやすいという点で、農協共販組織において採用できるケースは少なかいかもしれない。ケース（ii）は、複数共計を採用した上で、共販に参加する農家の出荷先選択の権利を認めるものである。三つの事業方式の中では、農協共販組織にとって最も組合員の反対が出にくい方式と考えられる。これによって農家間の利得均等化は実現するものの、共販全体の利得最大化は諦めざるをえなくなり、また、系統外で販売するインセンティブが農家に発生しやすいものとなる。そして、ケース（iii）は、複数共計とせず、多角化した取引全体で販売額をプール計算し、かつ、取引間での費用面の調整を行って農家への精算を行う方式である。その結果、共販全体の利得最大化と共販参加農家間の利得均等化が両立するものの、系統外販売のインセンティブを完全には解消できず、また、精算方式が複雑で実務上の難しさを抱えるものとなる。

　複数共計は、事実上、系統外で実現したであろう販売価格をそのまま農家に精算できること、さらに集出荷経費や取引費用の削減という点で、農協の機能が活かされれば、農協共販にとって系統外への流出防止あるいは、呼び戻しに有効であろう。また、共同計算としては、実務上導入しやすいものといえる。しかし、農協共販において農家間の公平性と農家自身の出荷先選択の権利を確保しようとすると、共販全体としての利益を最大化することができず、逆に、産地全体の利益を優先すると、いずれかの取引先への出荷農家

に、不満が発生することになる。これらを両立させるためには、複数共計ではなく、取引間で共同のプール計算とコスト面での差額調整を行う精算方式が必要とされるが実務上の難しさがある。事業方式の採用にあたっては、個々の農協や品目において、どの理念・目的が重要か（あるいは諦めたとして影響が少ないか）という評価、および協同組合組織・品目部会としての価値判断が必要になるということである。

4.　結論

　青果物の農協共販を念頭におくと、市場環境が変化していく中で、卸売市場でのスポット取引が衰退期を迎え、これに代わり、実需者との継続的・契約的な取引が市場内外に関わらず、事業としての導入期ないし成長期を迎えていると考えられる。本章では、まず、農協共販において、同一品目内での取引が多角化してくる中で、各取引ごとのマーケティング（マーケティング戦略あるいは関係性マーケティング）のみならず、取引間での全体的な調整（戦略的マーケティング）が必要になってくること、しかし、意思決定が重層的な農協共販組織においては、長期的には取引間での農家数・栽培面積の調整に関して困難に直面するであろうことを指摘した。

　この構造をより明確にするために、組織の経済学の分析視点から、実態の多様性は思い切って捨象したモデル分析を行い、農協共販における同一品目の多角化においては、「共販全体の利益最大化」と「共販参加農家間の利益均等化」「共販参加農家の意思の尊重」といった理念間での両立ができなくなるジレンマが存在することを理論的に明らかにした。つまり、同一品目での取引多角化を進めていく上で、いずれかの目的を優先するためには、いずれかの理念の達成を断念せねばならないというものである。そのため、現在、中心的な方策として打ち出されている複数共計は必ずしも唯一の選択肢とはならないということである。系統外へ農家が流出する可能性が低い場合、あるいは系統外のチャネルを農協として許容できる場合には、共販グループ間

のコンフリクトを調整しつつ共販全体の最適化を目指す上では、グループ間費用差の調整を組み込んだ共同計算方式が模索されるべきであろうことが示唆される。

　同一品目の取引が多角化していく市場環境下での今後の産地マーケティングの要点として、本章の主張は、第1に、広い意味で産地マーケティングを考える際には、農協共販と系統外のチャネルをどう位置付けるかの意思決定が重要となるということ、第2に、農協マーケティングとしては、農協が意図するか否か関わらず、共販においてどの理念を優先し、どの理念を断念するか、という種類の評価と価値判断を行わなければならないということである。実務上は、モデルで捨象された多様な要素を加味して、農協ごと、品目ごとに判断されなければならないであろう。

注
1）その他に地方自治体によるプロモーションなどのマーケティング活動が行われることがあるが、その関わりは部分的と言わざるを得ない
2）コモディティグッズとは、ここでは、ブランド間の品質差が顧客によって知覚されず、価格によってのみ選択されるような財を指す。
3）浅見（1993）では、特化性の類型として、工場との近接性（場所の特化性）、差別化製品のための設備投資（物的資産の特化性）、特定的な原料生産者（中間生産物の特化性）、商品等に関する専門知識（人的資産の特化性）、材・機械の提供（人質の特化性）を挙げている。
4）資源配分において、誰かの利益を犠牲にすることなく、これ以上、誰一人として利益を改善できない配分状況を、パレート効率的という。
5）テキストでは例えば和田・恩蔵ら（2016）を参照されたい。
6）斎藤（1986）、大原（1988）、若林（1990）、桂（2014）、新山（2020）など。
7）例えば斎藤（2007）、徳田（2015）など。
8）先駆的に市場に参入しシェアを獲得した企業が、後発企業に対して収益上の優位性をもつ場合を指す。

引用・参考文献
浅見淳之（1993）「加工用青果物市場の交渉と競争」『農業経済研究』64（4），pp.183-194.
浅見淳之（2003）「農業と食品産業の垂直的関係をめぐる課題」『農業経済研究』

75（2），pp.55-64.

板橋衛（2015）「《コメント》産地の販売組織である農協・生産者組織の側面から農協共販の未来を考える」『農業市場研究』24（3），pp.36-39.

板橋衛（2021）「マーケットイン型産地づくりを目指して―対応方向とポイント―」板橋衛編著『マーケットイン型産地づくりとJA農協共販の新段階への接近』筑波書房，pp.293-308.

桂瑛一編著（2014）『青果物のマーケティング　農協と卸売業のための理論と戦略』昭和堂.

河野恵伸（2019）「4-12　農産物マーケティング」日本農業経済学会編『農業経済学事典』丸善出版，pp.134-135.

大原純一（1988）『野菜流通の課題と農業協同組合』愛媛大学法文学部経済学科.

森高正博（2013）「実需者市場としての農産物市場―農業と食品産業の関係性―」『農業経済研究』85（2），pp.80-88.

新山陽子（2020）「マーケティング論を農業にどう生かすか―論点整理―」新山陽子編『農業経営の存続、食品の安全』昭和堂，pp.125-133.

尾高恵美（2002）「多様化する農協の販売事業方式―3農協の事例より―」『農林金融』55（2），pp.22-35.

尾高恵美（2008）「農協生産部会に関する環境変化と再編方向」『農林金融』61（5），pp.30-42.

尾高恵美・西井賢悟（2021）「マーケットイン型産地づくりによる環境変化への対応―JAグループの方針とJA営農販売事業の課題―」板橋衛編著『マーケットイン型産地づくりとJA農協共販の新段階への接近』筑波書房，pp.83-108.

斎藤修（1986）『産地間競争とマーケティング』日本経済評論社.

斎藤修（2007）『食料産業クラスターと地域ブランド―食農連携と新しいフードシステム―』農山漁村文化協会.

佐藤和憲（1997）「青果物流通チャネルの変貌メカニズムと展開方向」髙橋正郎編著『フードシステム学の世界：食と食料供給のパラダイム』農林統計協会，pp.266-292.

佐藤和憲（1998）『青果物流通チャネルの多様化と産地のマーケティング戦略』養賢堂.

時子山ひろみ（1999）『フードシステムの経済分析』日本評論社.

徳田博美（2015）「農協の青果物販売事業の現段階的特質と展望」『農業市場研究』24（3），pp.12-22.

梅沢昌太郎（1990）『農産物の戦略的マーケティング』家の光協会.

和田充夫・恩蔵直人・三浦俊彦（2016）『マーケティング戦略　第5版』有斐閣.

若林秀泰（1990）『農産物マーケティング』明文書房.

（森高正博）

第8章

農産物・農産加工品のブランディング

1．はじめに

　本章では、わが国の農産物・農産加工品ブランドの現状について、マクロ的な視点から俯瞰することを目的とする。これまで、農産物・農産加工品のブランド化へ向けて産地が取り組むべき内容について、斎藤（2010）や藤島・中島（2009）、後久（2007）など、多くの文献でブランド論に基づく提唱がなされてきた。ただし、こうした研究を進める上では、その前段階として、わが国の農産物・農産加工品ブランド市場においてどのような問題が起きているかを、理論を踏まえながら、マクロ的に俯瞰する必要がある。本章では、『地域ブランド戦略サーベイ』や、地域団体商標や地理的表示保護制度（以下、GI制度）への登録産地へのアンケート調査や実態調査の結果をもとに、農産物・農産加工品ブランド市場の実態をマクロ的に俯瞰し、今後の研究と政策へのインプリケーションを提示する。今後、農産物・農産加工品ブランドに係る研究で問題意識を設定する上で、全国的な傾向を整理する本章の内容は、有用な知見を提示できるものと考える。

2．農産物・農産加工品のブランド化の必要性

（1）産地側の問題

　農産物・農産加工品のブランド化について検証するにあたり、まず本節で、なぜブランド化が必要かを、産地側と消費者側双方を取りまく近年の環境変化から整理する[1]。

　産地側の問題として第1に、儲かる農業の確立が求められている。世帯員1人当たりの、農家類型別および勤労者世帯の所得を比較してみよう（図8-1）。年齢階層や世帯員数等の違いはあるものの、図から、勤労者世帯の所得と比べて農家の所得が低い状況にあることが分かる。こうした現状の下、販売農家戸数は2008年の175.0万戸から2018年116.4万戸へと10年間で33.5％減少し、また同時期の農産物作付（栽培）延べ面積は426.5万haから404.8万

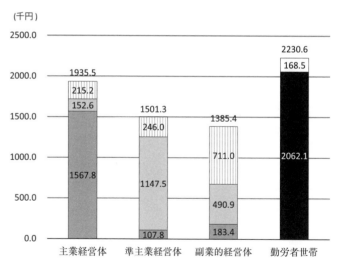

図8-1　世帯員一人当たりの農家類型別及び勤労者世帯の年間所得（2018年）
資料：農林水産省「経営形態別経営統計（個別経営）」及び総務省「家計調査」。

haへと5.1％減少している[2]。儲かる体制を構築しなければ、こうした農業の衰退は進む一方であり、地域の農産物・農産加工品が優れた産品であることを示すブランド化が、収益性を改善するための一つのツールとして期待される。

第2に、地域の活性化である。地方自治体へ行った調査によると、多くの自治体で、人口減少や少子高齢化、商店街・繁華街の衰退が課題となっている（図8-2）。またそれらの課題の次点として、地域ブランドの不在が指摘されており、地域の課題を解決する一つの手段として、ブランド化が重要視されている点が窺える。地域産品のブランド化を積極的に進めることで地域の他の観光資源等とも連携して観光客を誘致し、また地産地消によって地域内の経済活動の好循環を創出することが期待されている。

第3に、価格交渉力の強い小売業者への対応が挙げられる。近年、小売主導型サプライチェーンの形成が進み、小売が生産・流通段階へ関与する機会が増えている。こうしたサプライチェーンでは、供給のタイミングや数量、

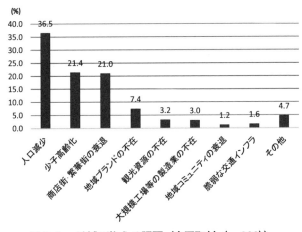

図8-2　地域が抱える課題（市区町村（n=866））

資料：中小企業庁ウェブサイト
(https://www.chusho.meti.go.jp/pamflet/hakusyo/H26/PDF/05Hakusyo_part2_hap2_web.pdf)（2021年7月閲覧）。

品質特性など、実需に則してサプライチェーン全体をコントロールする必要があるが、一次産業の生産で生産期間が長期に亘る点や、工業製品のように生産過程を分業できない点（生産過程の非分割性）等の特性により、生産段階での実需に則した完全なコントロールは困難である。そのため、特定の組織・段階（ここでは生産段階）の負荷やリスクが過大となっている（木立2009，pp.41-42.）。後久（2007，p.4.）も、「川上の生産者・メーカーが川下の小売パワーを背景にした小売業に主導権を行使され翻弄されている」と述べる。そして、これらの競争に対抗する手段として木立（2009，p.42.）や後久（2007，p.4.）が挙げるのが、既存商品の付加価値化や付加価値商品の開発である。木立（2009，p.42.）は、例えば農産物の季節性や希少性は、成熟化・多様化する消費需要へ対応した新しい価値を提供しうる製品要素であるとし、そうした付加価値や価値創造にかかわる目標のサプライチェーンの組織間での共有が、小売と生産者が協働するポイントの一つになるとする。このように、実需に対応した付加価値の高い商品の生産を行うことで生産者の価格交渉力を強め、生産者と小売で協働的なサプライチェーンを構築することが求められている。そして後久（2007，p.4.）は、こうした付加価値化の手段としてブランド化を挙げ、ブランド化による生産者の価格交渉力の強化の重要性を指摘する[3]。

（2）消費者側の問題

　消費者側の問題では第1に、自由貿易化に伴って、消費者の選択肢として農産物・農産加工品の輸入品が増加している点が挙げられる。自由貿易協定についてわが国で近年発行されたものだけをみても、2021年7月現在、環太平洋パートナーシップに関する包括的及び先進的な協定（TPP11）や日本・EU経済連携協定、日米貿易協定、日英経済連携協定、地域的な包括的経済連携（RCEP）協定があり、自由貿易化が進展している。**図8-3**で示す品目別の輸入物シェアをみると、野菜類で1980年の2.9％から2019年の20.7％、果実類で20.2％から62.9％、肉類で19.7％から49.6％、魚介類で15.7％から58.2

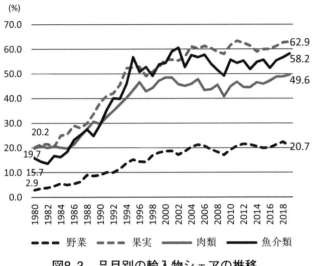

図8-3　品目別の輸入物シェアの推移

資料：農林水産省「食料需給表」。
注：輸入物シェア=輸入量/国内消費仕向量。

％と、増減はあるものの輸入物シェアの拡大傾向が見て取れる。こうした輸入農産物の拡大は国産品との競争の激化に繋がるため、国内産地としては、付加価値の創出や価格交渉力の強化を目的として、消費者へ高品質な産品であることを示すブランド化への取組が重要となっている。

　第2に、食の多様化への対応である。**図8-4**は、日本政策金融公庫が定期的に行っている食の志向に関する消費者調査の結果である。20代から70代までの男女2,000人へ調査を行い、現在の食の志向について二つまで回答を求めた結果、健康志向が最も高く41.0％で、次いで簡便化志向（36.9％）、経済性志向（35.6％）がつづく。惣菜や弁当、外食の利用を志向する簡便化志向や、低価格であることを重視する経済性志向が一定の割合を有する一方で、健康志向が最も高い割合を得ており、単に価格が安く簡便なだけでなく、健康面への訴求が最も重要とされている。また、安全志向が19.3％、国産志向が16.6％など、安全性や国産品を重視する層も一定程度いるようである。現在、

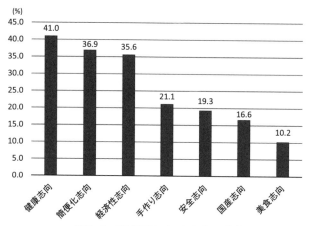

図8-4　我が国における食の志向

資料：「食の志向調査（令和2年1月調査）」（日本政策金融公庫
農林水産事業本部）。

消費者の間で複数の食の志向が併存しており、そうした多様な消費者のニーズに対し、差別化した農産物・農産加工品の販売を行う余地があるといえよう。その差別化の手段の一つとして、安全性や地産地消、健康志向への訴求を行うブランド化が求められる[4]。

　以上をまとめると、小売主導型流通の拡大や農産物・農産加工品輸入の増加、食の多様化へ対応し、儲かる農業の確立や地域活性化に資するため、その一つのツールとして農産物・農産加工品のブランド化が求められている。

3．ブランド化とは

（1）情報の非対称性下におけるシグナリングの機能

　続いて本節では、そのブランド化の有効性に関する理論的背景を紹介する。またその上で、既存研究等を参照しながら、日本における農産物・農産加工品ブランドの有する課題を整理する。

　ブランド化のメリットとして、産品の品質についての知識が一般に少ない

消費者が、高品質な産品を選択できるようになる点が挙げられる。かりに、ブランド化がなされていないため高品質な産品と低品質な産品が区分されず、購入時に買い手が両産品の違いを把握できない状況を想定しよう。買い手の購入時に、売り手は産品の品質を知っているが、買い手は産品の品質を知らないため、売り手と買い手で有する情報量の差がある。これを、各取引主体が保有する情報量が非対称的であることから、「情報の非対称性（asymmetric information）」という。高品質な産品が低品質な産品よりも仕入れ値が高い場合、売り手は原価の安い低品質な産品を販売し、より高い利益を得られるインセンティブを有する。それによって、高価格な産品でも十分高い確率で低品質な産品が混ざっていることを買い手が認識した場合、買い手は品質に見合った低価格な産品のみを購入するようになる。そのため、原価が高く低価格化の困難な高品質な産品は淘汰されてしまう。このように情報の非対称性がある状況で、情報劣位者（本項の例では消費者）が取引する財の品質について過度に悲観し、情報の非対称性がなければ本来行われていたはずの取引（本項の例では高品質な財の売買）が行われないことを「逆選択（adverse selection）」という。

　この逆選択を防ぐには、情報の非対称性を是正するため、高品質な産品であることを保証するための何らかの手段が必要である。その手段の一つとして逆選択の概念を提唱したAkerlof（1970）が挙げるのが、「ブランド名」である。Akerlof（1970, p.500.）はブランド名について、「ブランド名は品質を示すだけでなく、かりに品質が消費者の期待を満たさなかった場合には、将来の購入が減らされることで消費者に報復されることも意味する」と述べる。このように、ブランド名によって産品が高品質であることを保証し、差別化した価格での販売が可能になるため、ブランド化がとても重要であることが分かる。さらにこれによって、消費者がニーズに合った商品を探索するコストを節減し、また消費者効用の増大にも繋がる[5]。なお、このように情報の非対称性をともなう場合に私的情報を保有している側が、適切に解釈すれば自らの情報の開示となるような行動を先にとることを「シグナリング

(signaling)」と呼び、高品質な産品であることを示すブランド化もその一つ
である。

（2）ブランドの三つの機能

　前項では、ブランドが情報の非対称性下において高品質な産品であること
を識別するためのツールとなることを紹介した。ただし小林（2019, p.41.）
は、ビジネスでブランドが注目されるようになったのは、ブランドが識別記
号以上の価値を有するためであると述べる。以下では小林（2019, pp.41-
43.）を参照して、ブランドの三つの機能を紹介する。

　第一に、「製品識別機能」である。ある製品が消費者に購入され、気に入
られたことで再購入されようとする際、ブランド化されていれば、それを手
掛かりに購入してもらうことができる。また消費者は、ブランドを見て製品
を購入し、期待通りの成果を得たとき、「このブランド（を付与した製品）」は、
私を満足させてくれる」という「信頼」を抱くようになる（池尾1997）。ブ
ランドは製品を識別するために付与された記号であり、識別記号自体には価
値はないが、それが信頼されることで製品選択に大きな影響を及ぼす。

　第二に、「意味付与機能」である。ブランドの名称等の識別記号は単に他
の製品と識別するだけでなく、それ自体が何らかの意味を持つことが多い。
例えばサントリーの「緑茶伊右衛門」というブランド名は、伝統と格式のあ
る製法で製造された緑茶のイメージを連想させる[6]。さらに、こうしたブラ
ンド識別記号だけでなく、ブランド自体が結節点となって、ブランドに係る
広告等のマーケティング活動や使用顧客等からもたらされるさまざまな連想
と製品を結びつける（Aaker1991）。それらが製品に付与されることで、消
費者が抱く製品のイメージは強くなり、また変化するため、製品の差別化に
寄与する。

　第三に、「知覚矯正機能」である。Keller（1998）は、消費者がブランド
に対してどのような意味を抱くかによって、ブランドが付与された製品やそ
れに係るマーケティング活動への評価に差異が生じると述べる。例えば、消

費者に肯定的なイメージを抱かれたブランドは、その製品の良い部分が積極的に評価され、劣っている部分や値上げといったネガティブな問題は軽視されがちである。即ちこれによって、競争相手が同じ品質の製品の販売や、似たマーケティング戦略を展開しても、ブランドが異なることで競争相手が同様の評価を得られず、自社は持続的競争優位を維持できる。例えば、携帯電話会社のソフトバンクがユニークなテレビCMを流して差別化を図ると、他社がそうしたテレビCMを模倣しても、ソフトバンクのテレビCMへ好感を持った消費者のソフトバンクへのイメージを覆すのは容易ではないであろう。

（3）日本の農産物・農産加工品ブランドの問題

　以上のように、ブランド化が必要とされる理論的背景を整理した。ブランド化により製品識別機能や知覚矯正機能が発揮されることで、多様な食生活へ対応した付加価値が創出され、輸入農産物への競争力強化や、小売店等への価格交渉力の増強などが実現し、儲かる農業や地域の活性化に繋がり得る。
　それでは、実際の農産物・農産加工品ブランドはどういった状況にあるのだろうか。産地名と商品名のみの名称（夕張メロン、たっこにんにくなど）を持つ産品の商標登録が可能である地域団体商標への登録数を見ると、2022年3月現在合計で799件が登録されており、そのうち農産物を含む飲食料品は430件が登録されている（**表8-1**）。実際には、地域団体商標には登録されていないものの、各地方自治体の認証を受けた地域ブランド産品が多数あることから、かなり多くの農産物・農産加工品ブランドが存在することが分かる。ただし、こうした農産物・農産加工品ブランドについて斎藤（2007,

表8-1　地域団体商標への品目別登録数

野菜	73件	食肉・牛・鶏	67件	その他飲食料品	101件
米	10件	水産食品	54件	その他	369件
果実	55件	加工食品	70件	合計	799件

資料：特許庁ウェブサイト
（https://www.jpo.go.jp/system/trademark/gaiyo/chidan/shoukai/index.html）
（2022年3月閲覧）。

p.209.）は、「多くのブランド名をもった製品が販売されており、これらの多くが消費者のブランド認知まで至っていないし、また流通段階においても有利な価格形成がなされているわけではない」と指摘する。例えば日経リサーチ（2013）は、大規模なインターネット調査で購入経験者が350-370名中20名以上抽出された農産、果物、水産、畜産、菓子の各ジャンルの地域ブランド269品目において、認知度が50％を下回る品目が96品目、他より価格が高くても購入したい人が20％を下回る品目が206品目あることを示す[7]。ブランド認知まで至っていなければ、情報の非対称性下におけるシグナリングとしての機能や製品識別機能は発揮されない。また、知覚矯正機能による価格プレミアムの享受が不十分な産品が多いようである。さらに斎藤（2010, p.11.）は、「地域団体認証の取得が特許法の改正で増加したが、ほとんどブランド管理への進展が見られなかった」と指摘する。李（2013, p.134.）も、「（地域団体商標の）周知性要件のみをクリアした多くの地域ブランドが、ブランド戦略に基づくブランドの開発や育成の段階を経ずに、十分なブランド管理体制が整っていないまま、先に地域団体商標権を取得する傾向が強まっている」とする。即ち、地域団体商標の取得のみが目的となり、生産・品質基準の設定や、基準を順守する体制の整備による高品質かつ安定した品質の産品の供給や、適切なマーケティング戦略の策定をできていない産品が多い状況にある。実際に知的財産研究所（2011）によると、地域団体商標の出願人である組合等を対象としたアンケート調査において、商標の使用規則があると回答した出願人は全体の40.0％でしかなく、また、使用規則があると回答した出願人のうち、使用規則の監視体制があるとした割合は66.2％、使用規則の違反者に対する制裁規定があるとした割合は50.0％に留まっていた。そもそも、高く安定した品質がなければ、消費者の信頼を得ることはできず、製品識別機能や知覚矯正機能は働かない。夕張メロンや神戸ビーフ、たっこにんにく、関あじ・関さばなど、厳格な生産・品質管理体制の構築等によって、価格プレミアムやロイヤルティの獲得に成功した産品も複数あるものの、全体としては前述のブランドの機能が働いているとは言い難い。

4．GI制度の実態

（1）GI制度の概要

　第2節第3項まででで述べた状況の下、2015年にGI制度が施行された。GI制度は、大まかに次の特徴を有している。

　(a)地域独自の環境から生まれた、おおむね25年継続して生産された伝統的な産品を農林水産省が認定。

　(b)生産・品質基準が守られているか、生産者団体や国が確認する。

　(c)名称の不正使用は禁止され、国が取り締まる。

　GI制度への登録産品は、(a)地域独自の環境から生まれ、また(b)生産・品質基準を設定し、それを確認する体制を構築した産品のみが登録され、さらに(c)模倣品を国が取り締まることで、高く安定した品質を保ち消費者の信頼を得やすくなる。こういった条件があれば、ブランドの機能である製品識別機能や知覚矯正機能は働きやすいであろう[8]。

（2）GI制度の登録産品の現状

　それでは、前項で整理した特徴を有するGI制度への登録産品はどういった状況にあるのだろうか。ここでは、登録生産者団体や小売店バイヤー、一般の消費者へ行ったアンケート調査から明らかにしていく。

　まず、GI制度への登録効果について内藤・大橋ら（2020）が各産品の登録生産者団体へ行ったアンケート結果によると、「かなり効果を感じている」「やや効果を感じている」と答えた割合は「テレビ・新聞等に取り上げられること」が最も高く72.8％で、それに「生産者の機運が高まること（70.2％）」「認知度の向上（66.2％）」「新たな顧客の獲得（54.6％）」、「登録をきっかけとした、品質等の向上（54.6％）」がつづく（**図8-5**）。テレビ・新聞等で取り上げられ、また認知度が向上し、新規顧客も獲得するなど、ブランド認知の形成にGI制度が一定程度機能したと登録生産者団体は評価している。また、

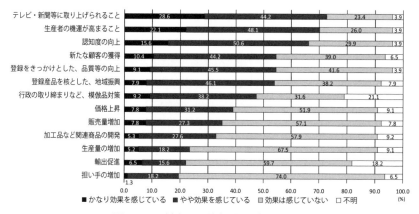

図8-5　GI制度への登録効果（登録生産者団体）

資料：内藤他（2020）

注：各項目の無回答を除いて集計しており、サンプル数は「登録産品を核とした、地域振興」「行政の取り締まりなど、模倣品対策」「加工品など関連商品の開発」で76件であり、他は77件である。

品質等の向上も54.6％の産品で効果があったと回答しており、より高品質な産品の供給を実現している。一方、消費者の購買行動に繋がっている産品は多いとはいえない。「価格上昇」に効果があったと回答した登録生産者団体は39.0％、「販売量増加」は35.1％であり、過半数を下回っている。

　また、小売店の青果物バイヤーへ行ったアンケート調査を行った八木・菊島ら（2020）は、GI制度自体が消費者や小売店バイヤーへ認知されていない点を指摘する。GI制度について「とてもよく知っている」「知っている」と回答したバイヤーが全体の60.2％でしかなく、「あまり知らない（27.5％）」「名前も知らない（12.3％）」がつづく。また、GI制度の解決されるべき点を質問したところ、「消費者にあまり認知されていない（81.8％）」、「品質や育て方のこだわりが伝わらない（71.1％）」、「メディアの注目が低い（62.8％）」など、GI制度について認知の形成にさえ至っていない状況が窺える（**図8-6**）。一般の消費者へ菊島・伊藤ら（2020）が行ったアンケートでも、GI制度について「よく知っている」「知っている」と回答した割合は7.2％とかなり低い状況にある。当然、GI制度が認知されて「信頼」を得なければ、製品識別機能や知覚矯正機能は働かないため、制度は十分に機能しない。

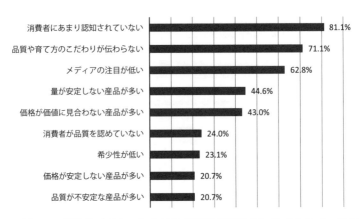

図8-6　青果物バイヤーにおけるGI制度の解決されるべき点（n=121）

資料：八木・菊島ら（2020）

　なお上述のように、登録生産者団体へのアンケートでは登録産品の認知度が向上したと回答する一方、小売店バイヤーはGI制度への認知度は小さいと述べる。これは、登録によって産品がテレビ・新聞等で取り上げられて産品の認知度が上がったと評価される一方、消費者全体から見るとその程度が小さなものであった可能性が考えられる。実際に内藤・大橋ら（2020）は、経営体数の少ない小規模産地で認知度向上が認められた産品が多いことを示しており、もともと認知度の少ない産品で認知度が向上していて、消費者全体から見るとそれらが小さな影響であった可能性が考えられる。複数の産地へ現地調査を行った八木・久保田ら（2019, p.85.）も、登録によって産品の認知度は改善したものの、GI制度自体の認知度は低いと指摘する産地が多いと述べる。

（3）GI制度の成功事例

1）みやぎサーモン[9]

　それでは、GI制度への登録により成功した産品はどういった特徴を有するのだろうか。本章の最後に、GI制度への登録産品のうち価格上昇に繋がった成功事例の取組を紹介する。

　まずみやぎサーモンは、宮城県石巻市、女川町、南三陸町、気仙沼市で養殖された銀鮭のうち、水揚げの際に「活け締め」「神経締め」と呼ばれる鮮度保持のための処理を施し、「刺身で食べられる鮭」にこだわった高品質・高鮮度な生食用の鮭である。GI制度で規定されるみやぎサーモンの要件は、先述の「活け締め」「神経締め」の他、海面における養殖期間が概ね11月から翌年7月頃までであることや、漁場が汚染されにくいEP飼料をすべて用いること、概ね5℃以下に保って温度管理を行うことである[10]。なおこれらのうち、「活け締め」「神経締め」が行われない養殖銀鮭はみやぎ銀ざけというブランドで販売されている。GI制度への登録は2017年5月であり、品質について国のお墨付きを得られる点や、模倣品が出ても国が取り締まる点、生産管理体制の構築が要件であるため生産者の意識を変えられる点、宮城県で最初の登録でメディアに取り上げられやすい点、輸出拡大に繋がり得る点等に期待して登録を申請した。

　このみやぎサーモンは、GI制度への登録に当たって導入した水温管理の徹底を主要因として、価格が上昇したとされる（八木・久保田ら2019,p.82.）。その水温管理は、概ね5℃以下に保った海水タンクに漬け込むものであり、出荷表を生産者が作成するとともに、市場の検査員がチェックしている。また、GI制度では規定されていないが、輸送の際のトラックの運転手も水温を確認している。この取組は、登録をきっかけにみやぎサーモン以外の養殖銀鮭にも適用し、産地で安定した高品質の銀鮭を販売することでバイヤーの信頼を得ることができた。即ち、登録を契機に商品の品質管理を徹底し、品質への信頼度を増すことで、ブランドの「製品識別機能」がより効果的に働くよう促すことで、価格が上昇した。なお、宮城県漁業協同組合が取りまとめた生産販売実績によると、登録前の2016年度に1kg当たり565.8円であった漁業者からの販売価格は、登録された2017年度に625.1円まで上昇している。これによって収益性も向上し、2018年10月の調査時点でGI制度への登録前から養殖経営体が2軒増えた[11]。

　またこの他、国産米の米粉を使用した配合飼料による付加価値創出や、宮

城県産栗チップで燻したみやぎサーモンのスモークサーモンの発売、みやぎ
サーモン専門のどんぶり店の期間限定の開店、JR東日本とのタイアップに
よる駅弁の販売、楽天イーグルスの選手やゲーム（戦国BASARA）のキャ
ラクターである伊達政宗とタイアップしてのPR、地下鉄の廊下や電車内で
のポスターの掲示、バイヤーへGI制度について伝えるパンフレットの作成等、
異業種とも連携した積極的な販売促進に取り組んでいる。とくにどんぶり店
の開店や駅弁の販売は、GI制度への登録で認知度が向上したことで実現し
たとされる。「意味付与機能」で見たように、GI制度への登録をきっかけに
みやぎサーモン自体が結節点となって、どんぶり店や駅弁といった新たな事
業の展開に結びついたともいえよう。この他、GI制度への登録による生産
者意欲の向上や、登録前はイベントの開催のみ担当していたみやぎ銀ざけ振
興協議会が、登録後にブランド化へ向けて統一的に対応する組織となった等、
GI制度が有効に機能した事例となっている。

2）連島ごぼう[12]

　連島ごぼうは、岡山県倉敷市で生産・出荷される洗いごぼうである。GI
産品として認定されるための生産・品質の基準として、ごぼう中早生系統品
種を用いる点や、播種や収穫の時期、土壌消毒や耕期の仕方、土壌診断の結
果をもとにした施肥の実施、出荷規格を規定し、栽培日誌等で基準が守られ
ているかを確認している[13]。ただしこれらは、先述のみやぎサーモンと違っ
てGI制度への登録前から変わらず実施しており、品質基準やその遵守体制
は登録前後で変わりない。GI制度への登録は2016年12月であり、価格の上
昇やそれによる農家の意欲向上と生産面積の維持・拡大、作業受委託の際の
労働力確保等に期待して登録を申請した。なお、連島ごぼうの取引量が最も
多い卸売市場会社の仕入れ価格をみると、登録前の2016年に1kg当たり
572.3円であった単価は、登録後の2017年に627.0円まで上昇している。

　このように連島ごぼうの価格が上昇した要因として第一に、岡山県内で販
売されるごぼうの大半を連島ごぼうが占めることもあって、岡山県の消費者

に赤いマークのごぼうとして浸透した点が挙げられる。例えば岡山県内の卸売市場会社によると、県内の量販店や八百屋から、他産地でなく倉敷かさや農業協同組合の連島ごぼうでないといけないと引き合いが強くなり、また地産地消の観点から学校給食への活用も増えたとされる。登録をきっかけに高品質である点が認知されており、GIマークによるシグナリングをきっかけに「製品識別機能」がよく機能したといえよう。

　ただし、倉敷かさや農業協同組合はこうした状況に満足せず、卸売業者向けのGI制度の説明書の作成や、口頭での説明、ポップの作成などで卸売り業者へGI制度の良さを伝えた。また、出荷の際に農協としての希望単価を提示した上で各卸売市場に希望単価と希望数量を提出させ、その情報をもとに出荷数量を決めるなど、卸売市場会社を競わせる形で付加価値の形成に取り組んだ。また卸売市場会社も、高い価格で購入するための安定的な数量の出荷を農協に求め、倉敷かさや農業協同組合は冷蔵庫を新たに整備することでその要望に応えた。この他、倉敷かさや農業協同組合では、メディアへの露出や広報誌への掲載、地域の体験学習の展開、5月10日のごぼうの日の制定など、消費者への訴求に取り組んだ。小売業者も、試食販売といった消費促進策を展開している。とくにこれらの取組において、農協、卸売市場会社、小売がGI制度の良さを理解して一体となって販売を行うことで、継続的に高い小売価格を実現している。登録によるGIマークのシグナリング機能や「製品識別機能」の効果をゴールとせず、農協が多様な主体を巻き込みながら継続的に付加価値の形成に取り組んだ事例といえる。

5．おわりに

　以上、本研究では日本の農産物・農産加工品ブランドの実態について、各種データも参照しながらマクロ的に俯瞰した。ブランド化は、農産物輸入の拡大や小売主導型流通の展開、食の多様化等の問題へ対応し、産地が価格交渉力を得るための手段の一つであり、それによる儲かる農業の確立や地域活

性化の実現が期待されている。一方で、農産物・農産加工品ブランドにおいては多くのブランドで十分な品質管理等の対応がなされておらず、ブランド認知が十分でなく、価格プレミアムも小さい状況にあった。

　そこで2015年に施行されたのが、地域独自の環境から生まれた伝統的な産品を農林水産省が認定し、品質管理を要件とするGI制度である。ただし登録生産者団体や小売店のバイヤー、一般の消費者へ行ったアンケート調査はGI制度について、登録産品の認知の形成には一定程度貢献したものの、制度自体の認知度が低く、また消費者の購買行動にも繋がっていない点が窺える。「製品識別機能」等のブランドの諸機能が効果的に機能する環境が整っていないといえよう。そうした中でみやぎサーモンや連島ごぼうは、それぞれ、厳格な品質管理体制の構築や流通段階の多様なステークホルダーを巻き込んだ付加価値の形成等、積極的にブランド化へ向けた取組を展開して価格上昇を実現していた。

　二瓶（2019, p.88.）はGI制度について、「登録や保護が最終目的でないこと」「登録や保護されたからといって、地域課題が解決されるわけではないということ」を強調している。登録すればすべて解決するものでなく、登録をきっかけにブランド化へ向けた対応をさらに展開し、消費者の信頼を得る努力が必要となる。そういった意味で政策的なインプリケーションとして、GI制度等については、各産品の登録後の対応も後押しするようなソフト面での行政による支援が求められるといえよう。また、既述のようにそもそもGI制度が消費者の購買行動に繋がってない点が指摘されており、GI制度自体の認知度を向上させ、シグナリング機能や「製品識別機能」が発揮される環境を整備する必要がある。なお、本稿の学術的な貢献として、既存研究で定性的に述べられることの多かった農産物・農産加工品ブランドの実態について、できるだけ定量的なデータを踏まえて整理した点が挙げられる。ただし、GI制度の成功事例の類型化等、アンケート調査では捕捉しきれなかった点もあり、大規模な現地調査が今後求められる。

注

1）本節の内容は、後久（2007, pp.3-6.）や藤島・中島（2009, pp.8-15.）の内容を参考に執筆している。

2）農林水産省「農業構造動態調査」および「作物統計調査」を参照した。

3）後述する連島ごぼうは、こうした対策を行った典型的な事例といえる。

4）藤島・中島（2009, pp.14-16.）は、農産物・農産加工品のブランド化が求められる背景として食品の安全性への懸念の高まりも挙げている。ただし農林政策金融公庫の「食の志向調査（令和2年1月調査）」では、輸入食品について「安全面に問題がある」と回答する消費者の割合が継続して減退傾向にある点を示している。近年、大きな事故がなく安全性への懸念が高まっているとは言い難く、そのためここでは、安全性志向が一定程度存在する点を言及するに留めた。なお、日本政策金融公庫の「食の志向調査」は2020年（令和2年）1月以降にも実施されているものの、新型コロナウイルスの感染拡大とそれにともなう飲食料品店への規制によりこれまでと異なる傾向が一時的にみられる可能性もあるため、本稿では農林政策金融公庫「食の志向調査（令和2年1月調査）」の結果を提示した。

5）消費者の探索コストの低減や消費者効用の増大については、後述するGI制度でそういった効果があり得ると指摘するHerrmann and Teuber（2011, p.816.）を参照した。情報の非対称性の解消という点で、ブランド化でも同様の効果があり得る。

6）小林（2019, p.42.）は「爽健美茶」の例を挙げる。

7）ここでの認知度は、各産品について「よく購入している」「たまに購入している」「過去に購入したことがある」「どんなものか見聞きしたことがある」「名前だけは聞いたことがある」のいずれかを選択した割合である。価格については価格プレミアムの項目で、他と比べて「かなり高くても購入したい」「やや高くても購入したい」のいずれかを選択した割合を参照している。

8）GI制度の内容として挙げた3点について前述の地域団体商標では、（1）当該地域で生産されていて、一定の需要者に認識されていれば（周知性があれば）、登録が可能である。（2）生産・品質基準の設定や基準が守られているか確認する体制の整備は任意であり、また（3）名称の不正使用は商標権者自らが差止請求等で対応する必要がある。GI制度と比較すると、地域団体商標の品質保証の程度は緩い状況にある。なお、地域団体商標とGI制度について、より詳細な特徴は八木・久保田ら（2019）等を参照されたい。

9）本項の執筆に当たり、2018年3月と10月、2021年7月にGI制度の登録生産者団体であるみやぎ銀ざけ振興協議会で聞き取り調査や電話調査を行っている。本項の内容は、とくに言及がなければそれらの調査に依拠する。

10）農林水産省ウェブサイト参照（https://www.maff.go.jp/j/shokusan/gi_act/

register/index.html)（2021年7月閲覧）。

11）ただしその後、体調不良により別の養殖経営体が2件廃業し、2021年7月現在、GI制度登録前と同件数になった。高齢化の進展による生産の縮小傾向に対し、GI制度が一定の歯止めをかけたともいえよう。

12）本項の執筆に当たり、2016年11月と2018年10月、2021年7月に倉敷かさや農業協同組合と、連島ごぼうを扱う卸売市場会社1社で聞き取り調査や電話調査を行っている。本項の内容は、とくに言及がなければそれらの調査に依拠する。

13）10）のウェブサイトを参照。

引用・参考文献

Aaker, D.A.（1991）*Managing Brand Equity*, Free Press.（陶山計介他訳『ブランド・エクイティ戦略』ダイヤモンド社）.

Akerlof, G.A.（1970）"The Market for "Lemions"：Quality Uncertainty and the Market Mechanism" *The Quarterly Journal of Economics*, 84（3），pp.488-500.

知的財産研究所（2011）「地理的表示・地名等に係る商標の保護に関する調査研究」『知財研紀要』Vol.20.

藤島廣二・中島寛爾（2009）『実践農産物地域ブランド化戦略』筑波書房.

後久博（2007）『農業ブランドはこうして創る：地域資源活用促進と農業マーケティングのコツ』ぎょうせい.

Herrmann and Teuber（2011）"Geographically Differentiated Products," in Lusk, J. L., Rooosen, J. and Shogren, J. F. ed., *The Oxford Handbook of the Economics of Food Consumption and Policy*, Oxford University Press, pp.811-842.

池尾恭一（1997）「消費社会の変化とブランド戦略」青木幸弘他編『最新ブランド・マネジメント体系』日経広告研究所，pp.12-31.

Keller, K. L.（1998）*Strategic Brand Management*, Prentice-Hall.（恩蔵直人・亀井昭宏訳『戦略的ブランド・マネジメント』東急エージェンシー出版部）.

菊島良介・伊藤暢宏・内藤恵久・大橋めぐみ・八木浩平（2020）「消費者の認証制度等に対する認知と評価」『需要拡大プロジェクト【高付加価値化】研究資料』第1号，pp.50-59. https://www.maff.go.jp/primaff/kanko/project/attach/pdf/200831_R02brand1_05.pdf

木立真直（2009）「小売主導型食品流通の進化とサプライチェーンの現段階」『フードシステム研究』16（2），pp.31-44.

小林哲（2019）「地域ブランド論における地理的表示保護制度の理論的考察」『フードシステム研究』26（2），pp.40-50.

内藤恵久・大橋めぐみ・飯田恭子・八木浩平・菊島良介（2020）「地理的表示保護制度への登録の効果及び今後の課題—登録産品のアンケート調査による分析—」

166

『需要拡大プロジェクト【高付加価値化】研究資料』第1号，pp.3-17. https://www.maff.go.jp/primaff/kanko/project/attach/pdf/200831_R02brand1_02.pdf

二瓶徹（2019）「地理的表示保護制度と活用方法―「本場の本物」を事例として―」『フードシステム研究』26（2），pp.88-90.

日経リサーチ（2013）『地域ブランド戦略サーベイ2013名産品編』日経リサーチ.

李哉泫（2013）「農産物の地域ブランドの役割とマネジメント」『フードシステム研究』20（2），pp.131-139.

斎藤修（2007）「地域ブランド管理の体系化と基本課題」斎藤修『食料産業クラスターと地域ブランド：食農連携と新しいフードビジネス』農山漁村文化協会，pp.208-242.

斎藤修（2010）「地域ブランドをめぐる戦略的課題と管理体系」『農林業問題研究』45（4），pp.6-17.

八木浩平・久保田純・大橋めぐみ・高橋祐一郎・菊島良介・吉田行郷・内藤恵久（2019）「地域ブランド産品に対するブランド保護制度への期待と効果」『フードシステム研究』26（2），pp.74-87.

八木浩平・菊島良介・大橋めぐみ・内藤恵久（2020）「地理的表示保護制度に対する小売店バイヤーの認知と評価」『需要拡大プロジェクト【高付加価値化】研究資料』第1号，pp.37-49. https://www.maff.go.jp/primaff/kanko/project/attach/pdf/200831_R02brand1_04.pdf

（八木浩平）

第9章

食生活の変化と消費者行動

1．課題

　わが国は、戦後復興後から第1次オイルショック（1973年）まで目覚しい経済発展を遂げ、世界有数の経済大国となった。わが国では経済成長にともなう所得の向上等を背景として、食事内容は、主食である米が減少する一方で、畜産物や油脂等が増加するなど大きく変化した（農林水産省2011a）。こうした中でも、日本人は、日本の気候風土に適した米（ごはん）を中心に、魚や肉、野菜、海藻、豆類などの多様なおかずを組み合わせて食べる日本型食生活を実践してきた（農林水産省2020a）。日本型食生活に関する先行研究は多く、安達（2004，p.279.）は、古代から目まぐるしく変化してきた日本の食生活を、数々の食物、調理法、宗教の伝来などを通じてわかりやすく解説し、食に関わる農業や貿易、政治、思想を総合的に考察したうえで、日本人にとって望ましい日本型食生活とは何かを検討している。原田（2005，p.254.）は、先史時代から現代まで、どのように食文化が築かれ、どのように変容してきたのか、「和食」というキーワードを手がかりに考察し、いかにして現在の日本型食生活が成立してきたのかを検証している。また石毛（2015，p.304.）は、寿司や蕎麦、てんぷら、味噌、醤油、だしはいかにして生み出され、普及したのか、世界でも稀な日本の食文化の形成と変遷を辿りながら、日本料理は素材を生かし「できるだけ料理しない」を理想としてき

たことを指摘している。これらの先行研究では、日本型食生活は、日本の伝統的な食習慣が大きく影響し、動物性脂肪や塩や砂糖の行き過ぎを避けた独自の食生活であることが述べられている。

　しかしながら、日本人が摂取する栄養素（PFC）の熱量バランスが平均的にみてほぼ適切であった1985年を境にして、日本人の食生活は大きく変化していく。日本人の食生活の変化について、時子山・荏開津ら（2019，p.210.）や清水・高橋ら（2016，p.237.）、および田中（2021，p.157.）は、家族形態の変化や食品産業による供給形態の変化が一因であることを指摘する。わが国の合計特殊出生率（2018年、世銀）は1.42人、65歳以上人口比率（2019年、世銀）は28.0％で世界第１位となっている。わが国は少子高齢化にともなう人口減少や、国内産業の空洞化など先進国特有の問題が生じている。

　そこで本稿では、日本人の食生活の変化と消費者行動について考察する。具体的には、わが国の食料支出は世帯所得によってどのくらい変わるのか、所得階層や地域によって食料支出が変わるのか考察する。続いて、人口構成や世帯構成はどのくらい変化し、供給純食料や栄養構成はどのくらい変化したのか、考察する。さらに、食の海外依存はどれくらい進んでいるのか、食の外部化はどのくらい進展したのか考察する。加えて、冷凍食品や調理済み食品はどのくらい普及しているのか、考察する。冷凍食品国内消費量や冷凍食品の品目別国内生産量、冷凍食品用途別国内生産量とシェア、冷凍食品国別輸入金額、冷凍食品・調理済み食品・外食は年代別にどのくらい差があるのか考察する。最後に、わが国における食生活の変化と消費者行動について総括する。

２．わが国における所得と食費の関係

（1）わが国におけるエンゲル係数の推移

1）年間収入十分位別エンゲル係数と年間収入

　わが国の食料消費を捉えるうえで、所得は重要な指標となる。そこで本節

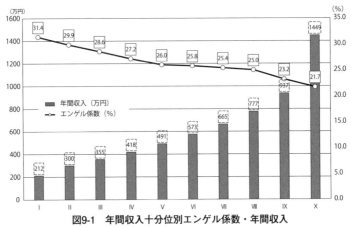

図9-1　年間収入十分位別エンゲル係数・年間収入

出所：総務省統計局『家計調査年報』（2019年）

では、可処分所得とエンゲル係数の推移を考察することにする。エンゲル係数とは、消費支出全体に占める食料支出（食料費）の割合（％）であり、家計調査では、用途分類の食料費によって算出している（阿向2018）。

図9-1は、年間収入十分位別エンゲル係数と年間収入（2019年）を示したものである。図中より、2019年の年間収入は、Ⅰ階層の212万円からⅩ階層の1,449万円まで10階層の収入が区分されている。合わせて、10階層ごとのエンゲル係数を見ると、Ⅰ階層（31.4％）からⅩ階層（21.7％）までの値は、所得階層が上がるごとに、小さくなっている。エンゲルの法則にしたがうならば、所得が高くなるにつれ、エンゲルの係数は小さくなっており、2019年の食料支出も、エンゲルの法則が当てはまっている[1]。ただし、本来、この法則はある「一時点」の一定規模を有する「集団」において、その集団を構成する世帯間で見られる「平均的な傾向」であり、個々の世帯はもとより、異なる時点や集団の比較において常に成り立つというわけではないことに留意しなければならない（阿向2018）。

２）わが国におけるエンゲル係数と可処分所得の推移

それでは、わが国の家計支出にも、エンゲルの法則に従って、「所得が高

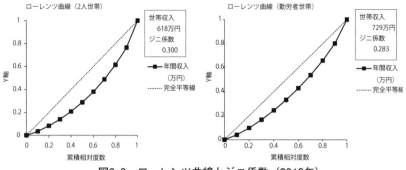

図9-2　ローレンツ曲線とジニ係数（2019年）

出所：総務省統計局『家計調査年報年間収入十分位階級別』から筆者算出

くなるにつれ、エンゲル係数は低くなる」「所得が低くなるにつれ、エンゲ
ル係数は高くなる」という現象は、成り立つのであろうか。

　図9-2は、2019年を事例とした２人世帯と勤労者世帯のローレンツ曲線と
ジニ係数を示したものである。ジニ係数は、社会における所得の不平等さを
測る指標である。とくにジニ係数が０である状態は、ローレンツ曲線が均等
分配線に一致するような状態であり、各人の所得が均一で、格差が全くない
状態を表す。逆にジニ係数が１である状態は、ローレンツ曲線が横軸に一致
するような状態であり、たった１人が集団のすべての所得を独占している状
態を表す。まず、２人世帯の世帯収入は618万円であり、ジニ係数は0.300で
ある。一方、勤労者世帯の世帯収入は729万円、ジニ係数は0.283である。ジ
ニ係数は、０に近いほど格差がない社会を示すため、２人世帯のほうが格差
は広がることになる。厚生労働省（2019）によると、わが国の平均世帯人員
数は、1986年には3.22人であったが、2019年には2.39人に減少している。現
在のわが国は、1980年代に比して、所得格差が広がった状況にあるといえよ
う。

　図9-3は、わが国におけるエンゲル係数と可処分所得の推移（1989～
2019年）を示したものである。図中より、日経平均株価が38,957円の史上最
高値を記録した1989年の可処分所得（勤労者世帯）は42.1万円、エンゲル係

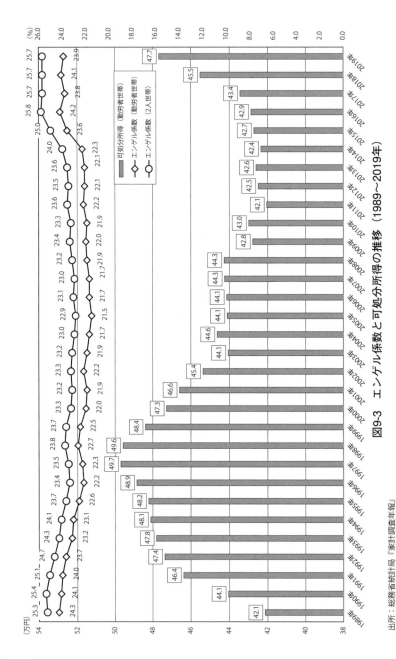

図9-3 エンゲル係数と可処分所得の推移 (1989〜2019年)

出所：総務省統計局『家計調査年報』

172

数は、勤労者世帯で25.3％、２人世帯で24.3％であった。エンゲル係数は、エンゲルの法則に従って、所得が高くなるにつれ、その係数は低くなるため、所得が高い勤労者世帯より、所得が低い２人世帯の方が低くなっている（**図9-2参照**）。その後、アジア通貨危機のあった1997年に可処分所得はピーク（49.7万円）を迎える。エンゲル係数は、勤労者世帯で23.5％、２人世帯で22.3％となる。エンゲル係数は、1989年から1997年の間、可処分所得が上がるにつれて、エンゲル係数は下がる傾向が見られた。「所得が高くなるにつれ、エンゲル係数は低くなる」というエンゲルの法則は、この期間の日本の家計消費にも成り立っている。

　続いて、アジア通貨危機後の1998年から欧州ソブリン危機があった2010年までの推移を見ると、可処分所得は、1998年（49.6万円）から2010（43.0万円）に下落する一方で、エンゲル係数（勤労者世帯）は、1998年（22.7％）と2010年（22.1％）を比較しても大きな差はなくなってきている。この期間から徐々に、所得が低くなっても、エンゲル係数が高くなるというエンゲルの法則が成り立たなくなってきている。

　さらに、東日本大震災があった2011年から2019年までの推移を見ると、可処分所得は、2011年（42.1万円）から2019年（47.7万円）に上昇する一方で、エンゲル係数（勤労者世帯）も、2011年（22.2％）から2019年（23.9％）に上昇している。この期間は、所得が上がるにつれて、エンゲル係数は高くなっており、日本の家計消費にはエンゲルの法則が必ずしも当てはまらない現象が起きている[2]。

３）地方別エンゲル係数・消費支出

　日本の家計消費には、エンゲルの法則が当てはまらない現象が起きていたが、地域で違いはあるだろうか。

　図9-4は、わが国の地方別エンゲル係数と消費支出、および食料支出を示したものである。図中より最も消費支出と食料支出が高いのは関東（各298,385円、77,083円）であり、エンゲル係数は25.8％である。逆に最も消費

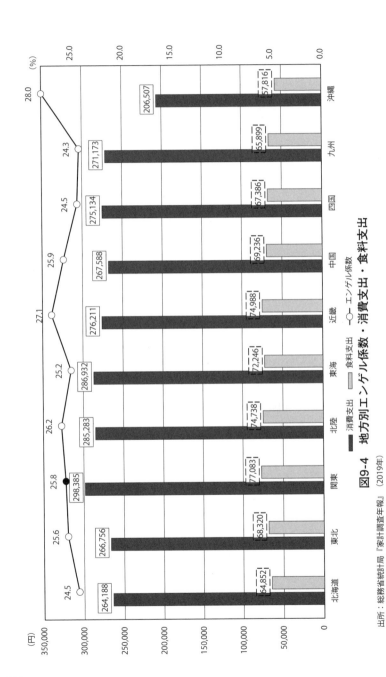

図9-4　地方別エンゲル係数・消費支出・食料支出　(2019年)

出所：総務省統計局『家計調査年報』

支出と食料支出が高いのは沖縄（各206,507円、57,816円）であり、エンゲル係数は28.0％である。所得が高い関東のエンゲル係数は低く、所得が低い沖縄のエンゲル係数は低くなっている。

　ただし、関東より消費支出や食料支出が低い地域のエンゲル係数を見ると、北海道（24.5％）や東北（25.6％）、東海（25.2％）、四国（24.5％）、九州（24.3％）のエンゲル係数は低くなっている。他方、関東より消費支出や食料支出が高い北陸（26.2％）や中国（25.9％）、とくに近畿のエンゲル係数は関東より高くなっている。地域別に見ても、エンゲルの法則が必ずしも当てはまらない現象が起きている。

　総括すると、本来、可処分所得が上がるにつれて、エンゲル係数は下がるはずであるが、近年の推移（2017 ～ 2019年）をみると、世帯員数が少なく、所得が低い２人世帯のエンゲル係数は下がっていない。また、地域別にみても、わが国では消費支出が低い地域でもエンゲル係数が高い地域があり、日本の家計や地域では、必ずしもエンゲルの法則が成り立たなくなっていることが読み取れる。

（2）わが国における家族世帯の変化と食料消費との関係

1）人口構成の変化

　本節では、わが国における家族世帯の変化と食料消費との関係を考察する。まず、わが国の人口構成がどのように変化してきたのか考察しよう。

　図9-5は、わが国の人口ピラミッドの変化（1965 ～ 2020年）を示したものである。まず、1965年の平均年齢は27.18歳であり、15-19歳の人口（男547.8万人、女537.4万人）が最も多い。1965年の人口ピラミッドは、第１次ベビーブーム世代以上は富士山型になっている。次いで、1985年の平均年齢は35.00歳であり、第１次ベビーブーム世代に加えて、10-14歳の人口（男514.9万人、女489.6万人）が最も多い。1985年の人口ピラミッドは、第１次ベビーブーム世代に第２次ベビーブーム世代が加わり、釣鐘型に変わっている。さらに、2005年の平均年齢は43.00歳であり、第１次ベビーブーム世代

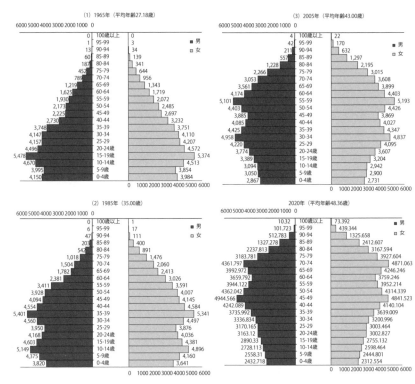

図9-5 人口ピラミッドの変化（1965〜2025年）

出所：国立社会保障・人口問題研究所『人口ピラミッドのデータ』、国連『World Population Prospects, 2019 Revision』より作成

が55-59歳（男510.1万人、女519.3万人）と、第２次ベビーブーム世代が30-34歳（男495.8万人、女483.7万人）の二つの世代を頂点とするようになる。この頃から出生率の低下がみられるようになり、人口ピラミッドは、つぼ型に変わる。加えて、2020年の平均年齢は48.36歳となり、2005年より更なる出生率の低下が見られる。2020年の人口ピラミッドは、さらに少子高齢化が進んだつぼ型に変わって現在に至っている。

２）食料供給量の推移

　続いて、わが国の食料供給はどのように変化しているだろうか。

　図9-6は、国民１人・１年あたり供給純食料の推移を示したものである。

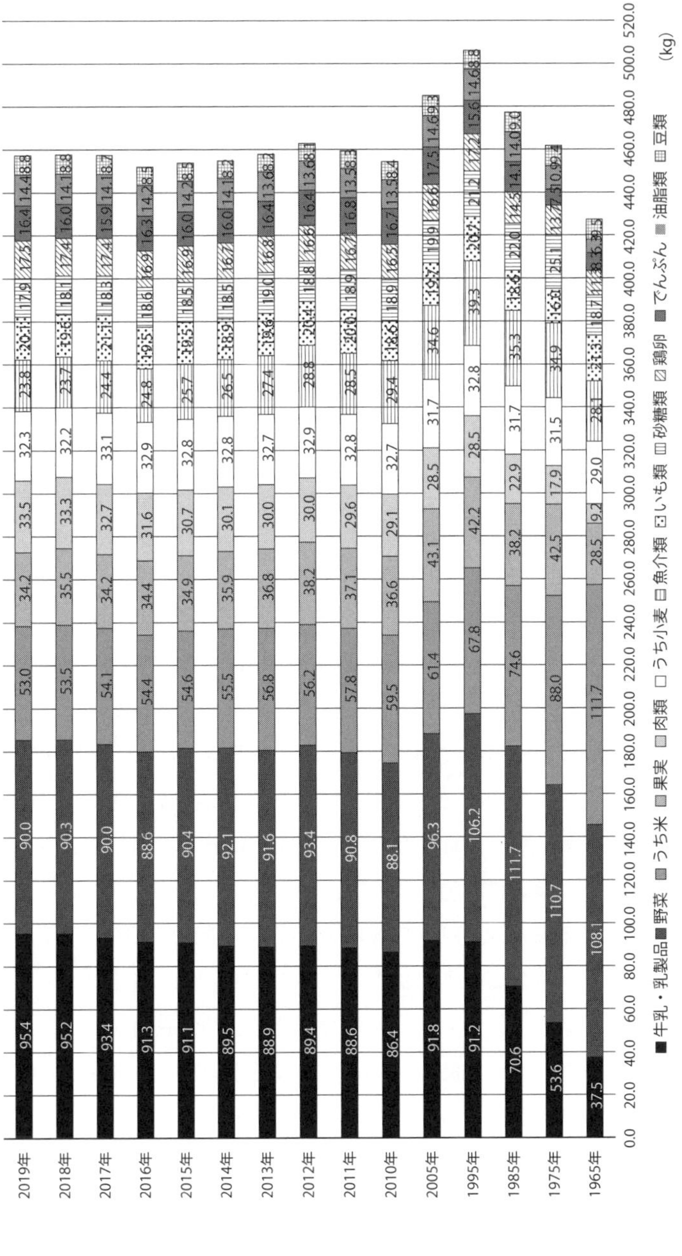

(kg)

年	牛乳・乳製品	野菜	うるち米	果実	肉類	うどん小麦	魚介類	いも類	砂糖類	鶏卵	でんぷん	油脂類	豆類
2019年	95.4	90.0	53.0	32.3	33.5	34.2	23.8	30.5	17.9	17.5	16.4	14.4	8.8
2018年	95.2	90.3	53.5	32.2	33.3	35.5	23.7		18.1	17.4	16.0	14.1	8.8
2017年	93.4	90.0	54.1	33.1	32.7	34.2	24.4		18.3	17.4	15.9	14.1	8.7
2016年	91.3	88.6	54.4	32.9	31.6	34.4	24.8		18.6	16.9	16.3	14.2	
2015年	91.1	90.4	54.6	32.8	30.7	34.9	25.7		18.5	16.9	16.0	14.2	
2014年	89.5	92.1	55.5	32.8	30.1	35.9	26.5		18.5	16.7	16.0	14.1	
2013年	88.9	91.6	56.8	32.7	30.0	36.8	27.4		19.0	16.8	16.4	13.6	
2012年	89.4	93.4	56.2	32.9	30.0	38.2	28.8		18.8	16.4	13.5		
2011年	88.6	90.8	57.8	32.8	29.6	37.1	28.5		18.9	16.8	13.5		
2010年	86.4	88.1	59.5	32.7	29.1	36.6	29.4		18.9	16.7	13.5		
2005年	91.8	96.3	61.4	28.5	43.1		34.6			17.5	14.6		
1995年	91.2	106.2	67.8	28.5	42.2	32.8	39.3			17.2	15.6	14.6	
1985年	70.6	111.7	74.6	22.9	38.2	31.7	35.3		22.0	14.5	14.0		
1975年	53.6	110.7	88.0	17.9	42.5	31.5	34.9		25.1	13.7	10.9		
1965年	37.5	108.1	111.7	29.0	28.5	19.2				18.7	6.3		

図9-6　国民1人・1年あたり供給純食料の推移（1965～2017年）

農林水産省大臣官房政策課食料安全保障室『食料需給表令和元年度』（令和2年8月）

■ 牛乳・乳製品　■ 野菜　□ うるち米　■ 果実　■ 肉類　□ うどん小麦　□ 魚介類　□ いも類　□ 砂糖類　☑ 鶏卵　■ でんぷん　■ 油脂類　■ 豆類

177

図中より、国民1人が1年間に食する食料は、1965年では米（111.7kg）が最も多く、次いで野菜（108.1kg）が多い。1975には野菜（110.7kg）が最も多くなり、米（88.0kg）はこの時点で第2位となる。1985年には、野菜（111.7kg）、米（74.6kg）、牛乳・乳製品（70.6kg）の順となり、日本人は米と牛乳・乳製品を同等なレベルまで飲食するようになる。1995年に供給純食料が最大となり、野菜（106.2kg）、牛乳・乳製品（91.2kg）、米（67.8kg）の順になる。1995年に魚介類（39.3kg）の供給が最大となる。2005年には供給純食料が低下し、2011年に肉類（29.6kg）が魚介類（28.5kg）の供給を超えたが、2019年まで年次ごとに若干変化があっても、供給純食料とその構成比に大きな変化がなくなる。2010年以降、供給純食料とその構成比に大きな変化はなく、わが国の供給純食料は飽和化したといえるだろう。

3）世帯主の年齢階級別1世帯当たり1か月間の収入と支出

　図9-7は、世帯主の年齢階級別1世帯当たり1か月間の支出（二人以上の世帯のうち勤労者世帯）を6期間に分けて、13か年の移動平均値を推定し、示したものである。それぞれの支出は変動が細く、全体の傾向を掴みにくかったため、移動平均を用いることで、全体的な変化を考察した。

　まず、勤労者34歳以下の者については、穀類や野菜・海藻、油脂・調味料の支出に大きな変化はない。他方、魚介類や酒類の支出は大きく減少している。逆に、肉類や菓子類、調理食品、飲料の支出は若干増加している。とくに、外食の支出は、顕著に増加している。

　次に、勤労者35歳以上39歳以下の者についても、油脂・調味料の支出に大きな変化はないが、魚介類の支出は大きく減少している。酒類についても、勤労者34歳以下の者と同様に大きく減少している。勤労者34歳以下の者と同様に、肉類や菓子類、調理食品、飲料の支出は若干増加しており、とくに外食の支出は顕著に増加している。

　勤労者34歳以下の者と勤労者35歳以上39歳以下の者については、概ね同様な傾向がみられている。

　さらに、勤労者40歳以上59歳以下の者になると、穀類や野菜・海藻、果物、および酒類の支出も加齢とともに減少していくが、魚介類の支出が急減している。他方、菓子類や飲料、および調理食品の支出も増加しているが、肉類や外食の支出は顕著に増加している。

　加えて、勤労者60歳以上になると、外食の支出も伸び悩み、酒類の支出も変化しない。勤労者40歳以上59歳以下の者と同様に、穀類や野菜・海藻、および果物の支出は、加齢とともに減少し、魚介類の支出も急減していく。他方、菓子類や飲料の支出も増加しているが、調理食品の支出は顕著に増加している。

　以上、勤労者34歳以下の者から勤労者40歳以上59歳以下の者は外食の支出が増加するが、勤労者60歳以上の者は、調理食品が増加する。各世代で、魚介類の支出が減少する中で、肉類の支出へと代替することがわかる。総括すると、2021年現在、第一次ベビーブームの団塊の世代（1947 ～ 1949年）でも調理食品の支出が増加していることからも、第2次ベビーブームの団塊ジュニア世代（1971 ～ 1974年）でも調理食品や外食支出は高位に維持されていくことが予測される。

4）供給熱量およびPFC熱量比率の推移

　加齢とともに、穀物や野菜、果物の支出が減少していくことが明らかになったが、それではわが国の供給熱量およびPFC熱量比率どのように変化しているだろうか。

　表9-1は、国民1人・1日当たり供給熱量およびPFC熱量比率の推移を示したものである。PFC熱量比率とは、エネルギーの栄養素別摂取構成比のことを言い、全摂取エネルギーを100としたときの、三大栄養素、たんぱく質（Protein）、脂質（Fat）、炭水化物（Carbohydrate）の構成比率を表している（日本食肉消費総合センター 2013）。成人の望ましい比率は、P12 ～ 15％、F20 ～ 25％、C60 ～ 68％といわれている（日本食肉消費総合センター 2013）。

　表中より、国民1人・1日当たり供給熱量は、1965年（昭和40年）には

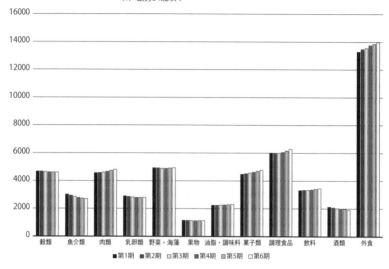

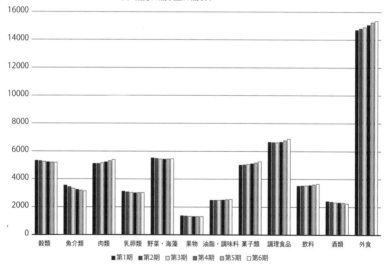

図9-7　世帯主の年齢階級別１世帯当たり１か月間の収入と支出

注：表中の縦棒は第1期（2000〜2012年）から第6期（2005〜2017年）までの13か年の移動平均値を推定して，示している

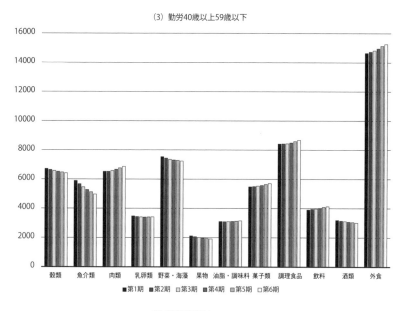

（3）勤労40歳以上59歳以下

■第1期　■第2期　□第3期　■第4期　□第5期　□第6期

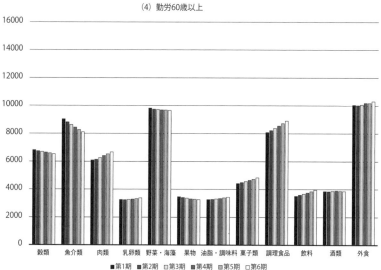

（4）勤労60歳以上

■第1期　■第2期　□第3期　■第4期　□第5期　□第6期

（二人以上の世帯のうち勤労者世帯）

表 9-1　国民 1 人・1 日当たり供給熱量及び PFC 熱量比率の推移

西暦	元号 （年度）	熱量 (kcal)	たんぱく質 P（%）	脂質 F（%）	糖質 C（%）
1965 年	昭和 40 年	2,458.7	12.2	16.2	71.6
1975 年	昭和 50 年	2,518.3	12.7	22.8	64.5
1985 年	昭和 60 年	2,596.5	12.7	26.1	61.2
1995 年	平成 7 年	2,653.8	13.3	28.0	58.7
2005 年	平成 17 年	2,572.8	13.1	28.9	58.0
2010 年	平成 22 年	2,446.6	13.0	28.3	58.6
2011 年	平成 23 年	2,436.9	13.0	28.6	58.4
2012 年	平成 24 年	2,429.0	13.1	28.6	58.2
2013 年	平成 25 年	2,422.7	13.0	28.6	58.4
2014 年	平成 26 年	2,422.6	12.8	29.2	58.0
2015 年	平成 27 年	2,416.0	12.9	29.5	57.6
2016 年	平成 28 年	2,430.1	12.8	29.6	57.6
2017 年	平成 29 年	2,439.0	12.9	29.8	57.3
2018 年	平成 30 年	2,428.5	13.0	30.1	56.9
2019 年	令和元（概算）	2,426.1	12.9	30.3	56.7

出所：農林水産省大臣官房政策課食料安全保障室『食料需給表令和元年度』令和 2 年 8 月

2,458.7kcalであり、P（たんぱく質）が12.2％、F（脂質）が16.2％、C（炭水化物＝糖質）が71.6％の比率であった。1965年の日本人は、米から得られる糖質が多い食事であった。1975（昭和50）年には、Cの比率（64.5％）が下がり、1985（昭和60）年の日本人は、米を中心として水産物、畜産物、野菜等多様な副食から構成され、栄養バランスに優れた「日本型食生活」が実現されていた（農林水産省2011b）。1995年（平成 7 年）に供給熱量（2,653.8kcal）はピークを迎える。2005年以降のPFC熱量比率の構成比は、徐々にPとCの比率が下がり、Fの比率が上がっていく。2019年の供給熱量は2,426.1kcalとなり、1965年の水準に戻っている。そして、2019年のPFC熱量比率は、Pが12.9％、Fが30.3％、Cが56.7％となり、脂質の摂取過剰と米等の炭水化物の摂取不足がみられている（農林水産省 2011b）。2021年現在の日本人は、1985年の日本人に比して、PFC熱量比率のバランスに欠いた食生活を送っている。

5）食の海外への依存：食料自給率の推移

　1965年から2019年までのPFC熱量比率を考察してきたが、カロリーベース

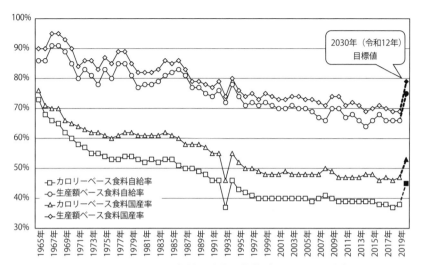

図9-8　食料需給率の推移（1965～2019年）

出所：農林水産省『食料自給率の基本的考え方』

の食料自給率や食料国産率はどのように変化してきたのだろうか。

図9-8は、食料自給率の推移を示したものである。図中の食料自給率は、カロリーベースと生産額ベースに、他方、食料国産率もカロリーベースと生産額ベースに分けて、図示している。

図中より、1965年の食料自給率はカロリーベースで90％、生産額ベースでも86％を占めている。同年の食料国産率はカロリーベースで76％、生産額ベースでも73％を占める。1965年の国民1人・1年あたり供給純食料の推移（**図9-6**）と国民1人・1日当たり供給熱量およびPFC熱量比率の推移（**表9-1**）とを総合して考察しても、この頃の食料自給率は米の供給に支えられて、高水準にあったことがわかる。わが国の食料自給率が米に支えられていることを証明する事例として、平成の米騒動があった1993年には、食料国産率はカロリーベースで46％、生産額ベースでも37％に下落していることを見ても明らかであろう。

食料自給率のピークは、1967～1968年であり、食料自給率はカロリーベースで95％、生産額ベースでも91％を占めている。しかしながら、1967～

1968年にも食料国産率はカロリーベースで70％、生産額ベースでも65 ～ 66
％に下落している。食料自給率にしても、食料国産率にしても、飼料や原料
を海外に依存している畜産物や油脂類の消費量が増えてきたことから、長期
的に低下傾向で推移してきた（農林水産省2020b）。農林水産省（2020b）は、
2030（令和12）年度までに、カロリーベース総合食料自給率を45％、生産額
ベース総合食料自給率を75％に高める目標を掲げている。

　以上、総括すると、わが国の食料自給率は、自給率の高い米の消費が減少
し、長期的に低下傾向で推移してきたといえよう。しかしながら、主食であ
る米の消費が減少したことによって、パンや麺などの糖質（炭水化物）に代
わる主食的な代替財に消費が変わったわけではない。西洋型の食生活が進展
する中で、肉類や乳製品・卵、精製穀物、ジャガイモ、糖分の多いソフトド
リンクなどの副食の消費が総合的に増加する中で、米の消費が減少したと考
えられる。

3．食の外部化の進展

（1）世帯数と世帯人員の状況

　本章では、食の外部化が進展した背景を見るために、まず、世帯数や世帯
人員がどのように変化し、世帯構造がどのように変わっていったのか、厚生
労働省（2019）の国民生活基礎調査の概況を概略して、説明しよう。

　まず、わが国の世帯数をみると、1953（昭和28）年の1,718.0万世帯から
2018（平成30）年の5,099.1万世帯へと増加している。しかしながら、同期間
において、わが国の平均世帯人員は、1953（昭和28）年の5.00人から2018（平
成30）年の2.44人へと半分以下に減少している。

　続いて、65歳以上の者のいる世帯の世帯構造をみると、1986（昭和61）年
には、単独世帯は13.1％、夫婦のみの世帯は18.2％であり、三世代世帯が44.8
％と最も多かった。それが2018（平成30）年になると、夫婦のみの世帯が
32.3％と最も多くなり、三世代世帯が10.0％と最小になる。単独世帯は27.4

％となり、親と未婚の子のみの世帯が20.5％にまで急増する。

　さらに、世帯に児童がいるかいないかを見ると、1986（昭和61）年には、児童がいる世帯は46.2％（１人16.3％、２人22.3％、３人以上7.7％）であった。1986年以降、一貫して少子化は進み、2001（平成13）年に児童のいる世帯が28.8％と３割を割り込み、2018（平成30）年には22.1％にまで減少した。

　以上、わが国では、世帯数は増加しているが、１世帯あたりの世帯人員は半減し、三世代世帯は急減し、夫婦のみ世帯や単独世帯、親と未婚の子のみの世帯が急増している。また、わが国では、児童のいる世帯は４分の１に満たないというのが実情であった。

（２）外食率と食の外部化率の推移

　わが国では、夫婦のみ世帯や単独世帯、親と未婚の子のみの世帯が急増しており、世帯員数が少ないため、大家族で食材を購入し、調理し、家庭内食で喫食するという規模の経済性が失われつつある。近年、世代に関係なく、外食や調理食品の購入機会が増えている。

　図9-9は、外食率と食の外部化率の推移を示したものである。外食率とは家計の飲食料費に占める外食費の割合を、食の外部化率は家計の飲食費に占める外食費に惣菜・料理小売品費を足した割合を示している。図中より、1975年の外食率は27.8％、1979年が食の外部化率は28.4％である。1979年の外食率、食の外部化率をみても、それぞれ31.6％、32.8％であり、1970年代の食の外部化率は、ほぼ外食産業に賄われて、成長した（一般社団法人日本フードサービス協会2009）。

　1980年代以降、働く女性やコンビニエンスストアが社会に定着し始め、1980年の外食率（31.8％）と食の外部化率（33.4％）の差（1.6％）が開き始める。1990年の外食率（37.7％）と食の外部化率（41.2％）の差（3.5％）がより顕著に広がる。外食産業の成長は1990年代まで急増するが、1997年の39.6％をピークに減少傾向へと転じていく。1990年代から2000年代に外食産業が減少し、2019年には33.7％となり、1980年代前半の水準にまで落ち込ん

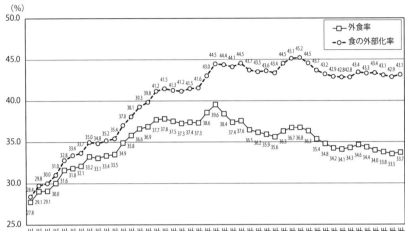

図9-9 外食率と食の外部化率の推移（1975～2019年）

出所：日本フードサービス協会『外食率と食の外部化率』

でいる。他方、食の外部化率は1997年の44.5％から、2000年代に増減はある
もの、2019年には43.1％となっている。

　1997年をピークに外食産業は減少に転じていくが、中食産業の成長によっ
て、食の外部化率は高い水準で維持されている。

（3）主要耐久消費財等の普及率の推移

　1990年代後半以降、中食産業が台頭してきたが、日本人の家庭環境にも変
化が見られている。

　図9-10は、主要耐久消費財等の普及率の推移を示したものである。図中
より1957年の主要耐久消費財等の普及率をみると、電気冷蔵庫はわずか2.8
％しか普及しておらず、電気洗たく機でも20.2％の普及率に過ぎなかった。
その後、わが国は、岩戸景気（1958年7月～1961年12月）、オリンピック景
気（1962年11月～1964年10月）、いざなぎ景気（1965年11月～1970年7月）
といった高度経済成長期を迎える。1971年のニクソンショック、1973年の第

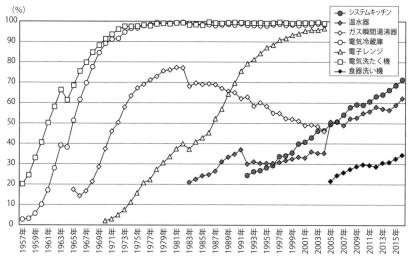

図9-10　主要耐久消費財等の普及率（1957～2016年）

出所：内閣府『消費動向調査』
注：電気洗たく機や電気冷蔵庫、電子レンジ、ガス瞬間湯沸器などは2004年3月に調査が終了している。

　1次オイルショックなどの不況期も耐久消費財は普及し続け、1974年には電気冷蔵庫が96.5％、電気洗たく機が97.5％まで普及した。ガス瞬間湯沸器も1965年には17.5％しか普及していなかったが、1974には63.4％が普及している。高度経済成長期に普及した電気冷蔵庫と電気洗たく機は、1979年の第2次オイルショックを迎える頃には、家庭で99％以上が普及した。

　一方、電子レンジは、1970年にはわずか2.8％しか普及していなかった。しかしながら、電子レンジは右肩上がりに普及し、1980年には33.6％、1990年には69.7％、1997年には90.8％が普及し、2004年には96.5％が普及した。

　他方、ガス瞬間湯沸器の普及は1981年（77.3％）にピークを迎え、1980年代からガス瞬間湯沸器に代わって温水器が普及する（1983年21.0％）。さらに、1990年代からシステムキッチンが普及する。2016年には、システムキッチンが71.4％、温水器が62.2％、食器洗い機が34.4％普及している。

　以上のように、日本人の家庭環境にも、主要耐久財が普及し、日本人を取

り巻く環境も大きく変化している。中食が普及した背景には、調理機器が普及したことも一因として挙げられる。

４．冷凍食品と調理済み食品の普及

（１）冷凍食品国内消費量の推移

　わが国の家庭には、耐久消費財が普及してきたが、これらの耐久消費財が普及したことによって、冷凍食品や調理済み食品も普及するようになった。

　図9-11は、冷凍食品国内消費量の推移を示したものである。まず、国民1人当たり消費量は1968年にはわずか0.8kgに過ぎなかったが、1980年には6.0kg、1990年には10.2kgを超え、2000年（19.2kg）まで右肩上がりに急増する。2002 〜 2003年には18.8kgに落ち込むが、2004年からは再び急増し、2019年には日本人は冷凍食品を23.4kg消費している。

　一方、冷凍食品の国民１人当たり消費量が急増する中で、冷凍食品の国内生産量も急増していく。冷凍食品の国内生産量は、1968年には7.7万ｔに過ぎなかった。しかしながら、1974年には34.0万ｔ、1980年には56.2万ｔ、1990年には102.5万ｔ、1999年には150.5万ｔを超え、右肩上がりに急増した。2000年以降の国内生産量は、多少増減するものの、2019年には159.7万ｔが生産されている。

　他方、冷凍野菜の輸入量も急増している。1968年には1,109ｔに過ぎなかった。しかしながら、1979年には11.8万ｔ、1988年には31.3万ｔ、1998年には70.6万ｔ、2006年には83.2万ｔを超え、2019年には108.9万ｔが輸入されている。合わせて、調理済み冷凍食品の輸入量も増加している。調理済み食品は歴史的には缶詰が最も古いが、冷凍食品やレトルト食品などの技術が進歩し、冷凍食品ではシューマイやギョウザなどの中国料理、ハンバーグ、ピラフ、グラタンなどがあげられ、レトルト食品ではカレー、シチュー、おでん、煮豆、赤飯などのご飯ものなど、非常に種類が多くなっている（コトバンク2022）。調理済み冷凍輸入量は、2003年には22.3万ｔが、2019年には26.5万ｔ

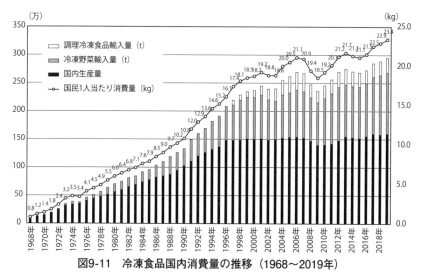

図9-11　冷凍食品国内消費量の推移（1968〜2019年）

出所：日本冷凍食品協会『国内消費量推移』

が輸入されている。

　冷凍食品は、国民1人当たり消費量が急増する中で、国産および輸入品が急速に拡大したことが分かる。

（2）冷凍食品の品目別国内生産量の推移

　それでは、冷凍食品の内訳はどのような構成になっているのだろうか。現在の冷凍食品の国内生産は、冷凍素材が多いのか、料理食品が多いのか考察しよう。

　図9-12は、冷凍食品の品目別国内生産量の推移（1958 〜 2019年）を示したものである。図中より1958年当時、国内生産が最も多いのはフライ類（1,281ｔ）であり、1961年までフライ類の国内生産が最も多かった。その後、1962年には水産物（5,530ｔ）が多くなり1969年まで水産物の国内生産が最も多かった。1970年には農産物（3.5万ｔ）が、1971年には再びフライ類（5.8万ｔ）が最も多くなる。1972年からフライ類以外の調理食品（7.8万ｔ）が最も多

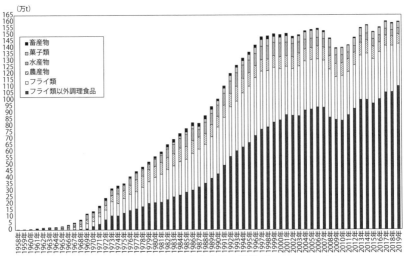

図9-12　冷凍食品の品目別国内生産量の推移（1958〜2019年）

出所：日本冷凍食品協会『冷凍食品品目別国内生産量の推移』より作成

くなり、1974年から2019年までフライ類以外の調理食品が最も多くなる。1974年以降、フライ類以外の調理食品に次いで、フライ類の国内生産が多くなる。フライ類以外調理食品（110.1万ｔ）、フライ類（32.8万ｔ）、農産物（7.4万ｔ）、水産物（4.6万ｔ）、菓子類（4.6万ｔ）、畜産物（4,832ｔ）の順となっている。

　以上のように、冷凍食品の国内生産は、冷凍素材から料理食品に代わっていることが分かる。

（3）冷凍食品用途別国内生産量とシェアの推移

　それでは、冷凍食品の用途はどのようになっているのだろうか。現在の冷凍食品は、家庭用が多いのか、業務用が多いのか考察しよう。

　図9-13は、冷凍食品用途別国内生産量とシェアの推移（2009 〜 2019年）を示したものである。まず、業務用冷凍食品は、2009年には88.7万ｔ、2019年には90.3万ｔが生産されている。2009年〜 2019年の期間に、年によって多少の増減はあるものの、90万ｔ前後で推移している。一方、家庭用冷凍食品

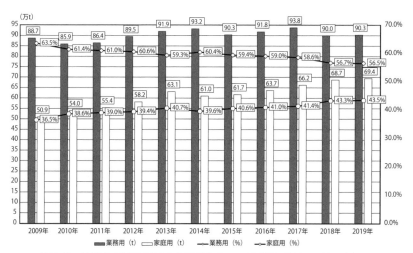

図9-13　冷凍食品用途別国内生産量とシェアの推移（2009～2019年）

出所：日本冷凍食品協会『用途別国内生産量の推移』より作成

は、2009年には50.9万ｔ、2019年には69.4万ｔが生産されている。家庭用冷凍食品は、2009年～2019年の期間に増加していることが分かる。

　2009年～2019年の期間に、業務用冷凍食品のシェアは、2009年の63.5％から2019年の56.5％に減少していることが読み取れる。逆に、業務用冷凍食品のシェアは、2009年の36.5％から2019年の43.5％に増加していることが分かる。

　以上のように冷凍食品は、家庭用より業務用が多かったが、近年は家庭用冷凍食品の利用が多くなっていることが分かる。冷凍食品の品目別の生産量や用途別の生産量の推移を総括すると、現在の冷凍食品の国内生産は、料理食品が多くなり、家庭用が多くなっていることがわかる。冷凍食品の生産は、家庭料理の簡便化により、家庭用の調理済み冷凍食品の需要が増加していることがわかる。

（4）冷凍食品国別輸入金額の推移

　冷凍食品は近年、家庭用の利用が多くなってきたが、わが国はどこから輸入しているのであろうか。

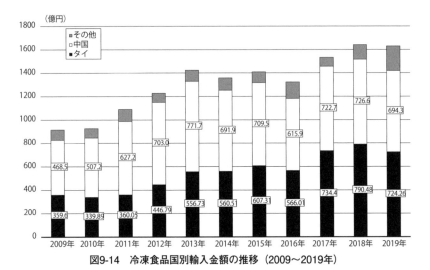

図9-14　冷凍食品国別輸入金額の推移（2009〜2019年）

出所：日本冷凍食品協会『国別輸入金額推移』

　図9-14は、冷凍食品国別輸入金額の推移（2009〜2019年）を示したものである。図中より、2009年には、タイ（359.6億円）より中国（468.5億円）からの輸入が多く、2016年までの輸入先国は中国が最も多く、次いでタイが多かった。その他の輸入先国としては、ベトナムやインドネシアなどが含まれるが、冷凍食品の輸入金額は、中国とタイ両国が突出して多い。

　総括すると、国内の冷凍食品の生産が横ばいとなっている中で、冷凍輸入野菜や調理済み食品が増加し、フライ類以外の業務用の調理済み食品が増加した。その業務用の調理済み食品は中国産やタイ産に賄われており、従来は業務用として輸入されてきた冷凍食品は家庭用の冷凍食品の需要に変わりつつあるといえるだろう。外食需要が伸び悩む中で、中食需要は増加しており、冷凍食品の需要構造も家庭用にシフトしてきたといえるだろう。

5．総括

（1）考察結果

　わが国における食生活の変化と消費者行動について考察してきた。考察した結果、下記の諸点が明らかにされた。

　第1に、現在のわが国は、1980年代に比して、所得格差が広がった状況にあった。そして、わが国における所得と食費の関係について考察した結果、世帯員が減少しているわが国は、エンゲルの法則に従うならば、所得が上がれば、エンゲル係数は低くなるはずであるが、所得が上がるにつれて、エンゲル係数は高くなっており、日本の家計消費にはエンゲルの法則が必ずしも当てはまらない現象が起きている。地方の食料支出についても同様な傾向がみられている

　第2に、わが国の人口ピラミッドを見た場合、わが国は少子高齢化がいっそう進展し、供給純食料は飽和化していた。勤労者34歳以下の者から59歳以下の者の外食の支出は増加するが、勤労者60歳以上の者は調理食品が増加していた。各世代で、魚介類の支出が減少する中で、肉類の支出へと代替することがわかる。現代の日本人は、栄養バランスにかける食生活をしており、日本食の海外依存度は進んでいた。

　第3に、近年の食の外部化は中食によってもたらされ、食の外部化は耐久消費財の普及によってもたらされていた。冷凍食品の国内消費量は右肩上がりに上昇し、冷凍食品の輸入が急増している。冷凍輸入食品の中でも、冷凍素材ではなく、調理食品の国内生産が急増していた。近年の冷凍食品は、業務用より家庭用の冷凍食品のシェアが急増している。冷凍食品の輸入先国は、中国が多かったが、ここ数年はタイが多くなっている。

（2）今後の課題

　本章では、食生活の変化と消費者行動に関して考察してきたが、今後、再

検討するにあたって、いくつかの課題が残されている。

　世界中の人々は、2019年に発生した新型コロナウイルス感染症（COVID-19）によって、が外出自粛を余儀なくされ、ロックダウンを経験した国々も数多く存在する。わが国でも、新型コロナウイルス感染症によって、都市部を中心に緊急事態宣言が発令され、我々の生活は制限され、食生活もコロナ禍前とは大きく異なっている。新型コロナウイルスが感染拡大する前後で、外食率と食の外部化率、産直・宅配業・Amazonや楽天などによるネット販売の増加など、食生活の変化と消費者行動は顕著な変化がみられていると断言してよい。また、2019年10月に消費税が８％から10％への税率引き上げられているが、外食は10％、持ち帰りは８％というように、外食と中食では税率が異なっている。外食産業は、新型コロナウイルス感染症による影響で大きな打撃を受けていることは間違いないが、中食産業が急成長した背景には、税率の影響も大きいと思われる。国民生活基礎調査から世帯の生活意識（2018年）をみると、生活が「大変苦しい」（24.4％）と「やや苦しい」（33.3％）を合計すると57.7％の国民が苦しいと回答している（厚生労働省 2019）。とくに、児童のいる世帯は、「大変苦しい」（27.4％）と「やや苦しい」（34.6％）を合計すると62.1％が苦しいと回答している。また、国連の持続可能開発ソリューションネットワーク（the United Nations Sustainable Development Solutions Network）が発行する世界幸福度報告（World Happiness Report）によると、2019年の日本の順位は世界156か国中58位であり、2016年（53位）より順位を下げている。本稿では、新型コロナウイルス感染拡大後の官庁データが入手できなかったが、他日を期して検討したい。

注

１）阿向（2018）は、2017年の年間収入十分位別エンゲル係数・年間収入（二人以上の世帯）について考察しているが、本稿の結果と同様な傾向が見られている。阿向（2018）を参照されたい。
２）日本の家計消費にはエンゲルの法則が必ずしも当てはまらない現象が起きて

いることについても阿向（2018）を参照されたい。

引用・参考文献

安達巌（2004）『日本型食生活の歴史』新泉社.

阿向泰二郎（2018）「明治から続く統計指標：エンゲル係数」『統計Today』
No.129.https://www.stat.go.jp/info/today/129.html

原田信男（2005）『和食と日本文化―日本料理の社会史』小学館.

一般社団法人日本フードサービス協会（2009）「外食率と食の外部化率の推移」.
http://www.jfnet.or.jp/data/h/data_c_o09_2009.html

石毛直道（2015）『日本の食文化史―旧石器時代から現代まで』岩波書店.

コトバンク（2022）「調理食品」.https://kotobank.jp/

厚生労働省（2019）「2019　年国民生活基礎調査の概況」.https://www.mhlw.
go.jp/toukei/saikin/hw/k-tyosa/k-tyosa19/dl/14.pdf

日本食肉消費総合センター（2013）「PFC比」.http://www.jmi.or.jp/info/word/
ha/ha_046.html

農林水産省(2011a)「我が国の食生活の現状と食育の推進について（平成23年6月）」.
https://www.maff.go.jp/j/syokuiku/pdf/genjou_suisin_201106_.pdf

農林水産省（2011b）「第1章食料自給率の向上，Ⅱ食料・農業・農村の動向」.
https://www.maff.go.jp/j/wpaper/w_maff/h23/pdf/z_all_2.pdf

農林水産省(2020a)「我が国の食生活の現状と食育の推進について（令和2年7月）」.
https://www.maff.go.jp/j/syokuiku/pdf/all.pdf

農林水産省（2020b）「日本の食料自給率」.https://www.maff.go.jp/j/zyukyu/
zikyu_ritu/012.html

清水みゆき・高橋正郎, 食料経済第5版（2016）『フードシステムからみた食料問題』
オーム社.

時子山ひろみ・荏開津典生・中嶋康博（2019）『フードシステムの経済学第6版』
医歯薬出版.

田中泰恵（2021）「食市場の変化」日本フードスペシャリスト協会編『四訂　食品
の消費と流通』, 建帛社, pp.1-30.

（中村哲也）

第10章

子ども期の貧困が成人後の食生活に及ぼす影響

1．研究の背景と目的

　1980年代半ば以降上昇基調にあった「子どもの貧困率[1]」は、2010年代半ば以降にやや下落したものの、依然として13％台後半〜14％台で高止まりしている（厚生労働省2020）。わが国は子どもの貧困率がOECD加盟国とくに先進10カ国の平均値と比較しても高く、子どもの貧困削減のための政策介入が不十分であると指摘されている（ユニセフ2017）。

　こうした状況を受けて、近年子どもの貧困に関する研究が活発化している。ここで先行研究を整理すると、ア）子どもの貧困の背景要因（鈴木・田辺2020）、イ）子どもの貧困に対する行政の取組に関する分析（藤井・堤2020；松田・竹内ら2020）、ウ）子どもの貧困が子どもの健康状態（阿部2012；近藤2020；平谷2019）や体力（卯月・末冨2015；石原・富田ら2015）、発達や行動（小野川・田部ら2016）、学業成績（卯月・末冨2015）などに及ぼす影響、エ）貧困の世代間連鎖[2]――例えば、子ども期の貧困が成人後の低所得・貧困（阿部2007；大石2007；佐藤・吉田2007）、健康度やモチベーション、自尊心・自己肯定感の低さ（大澤・松本2016）となって世代間移転されること――などが指摘されている。

　しかし管見の限りでは、子ども期（過去）の経済状況と成人期（現在）の

食生活との関連性を論じた研究は極めて限られている。数少ない先行研究である牧野・石田（2018）は、子ども期の世帯の経済状況→成人期（現在）の経済状況への影響→成人期の食生活への影響を指摘しているが、子ども期の経済的困窮→子ども期の食生活および食習慣への影響→成人期の食生活や食育行動への影響についてはデータの制約から議論していない。さらに、共分散構造分析を用いてパラメータ（標準化パス係数）の推計を行う際に、順序カテゴリカル変数を連続変数とみなして分析を行っており、推定結果の信頼性に疑問が残る。

また東京大学社会科学研究所・壮年パネル調査（JLPS-M）と若年パネル調査（JLPS-Y）の個票データを分析した久保・石田（2017）は、順序ロジットモデルを適用することによって、15歳時の暮らし向きが成人後の「栄養バランスのとれた食事の摂取頻度」に影響を及ぼすと指摘している。しかし、子ども期の経済状況がいかなる経路を通じて成人後の食生活や食育行動に影響を及ぼすかについてはほとんど検討しておらず、さらにパラメータの推計の際に説明変数の内生性などをまったく考慮していない。

つまり、子ども期の食習慣形成が成人後の食行動にも影響を及ぼすという指摘はあるものの（有宗・石田ら2012；久保・石田2017；森脇・岸田ら2007；谷口・石田2018）、「食に関する貧困の世代間連鎖」については明示的に議論されておらず、数少ない先行研究においても使用するデータの型や内生性の問題などに十分に配慮した適切な分析が行われていないといえる。そこで本章では、こうした先行研究の問題点を念頭に置きつつ、カテゴリカル共分散構造分析を用いて子ども期（過去）の貧困が成人期（現在）の食行動や食にかかわる子どもへの働きかけ（食育）行動に及ぼす影響を定量的に分析することを主たる目的とする。

2．先行研究の整理と仮説の設定

最初に、食生活や食習慣の規定要因に関する先行研究の中から、ごく１部を紹介すると以下の通りである（紙幅の関係から、詳細は割愛した）。年収

が高いふたり親世帯の中学生ほど朝食欠食率が低い（石田・久保ら2017）、食卓環境に問題がある中高生ほど欠食・偏食傾向にある（河村・石田ら2013）、社会階層意識が高い成人ほど朝食摂取頻度や栄養バランスのとれた食事の摂取頻度が高い（有宗・石田ら2012；久保・石田2017）、暮らし向きにゆとりがある母親ほど食育関心度が高い（谷口・石田ら2017）、小学生時に家族と良好な食生活を過ごしていた大学生ほど、現在も良好な食生活を過ごしている（森脇・岸田ら2007）、子ども時代に定時に食事をとる習慣がなかった者ほど成人後も朝食欠食傾向にある（有宗・石田ら2012）、母親の食意識は主に子ども時代の自らの母親の食意識や食行動によって強く規定されている（高橋・石田2011）。

　また、子ども期におけるショックが及ぼす影響については、離婚が世帯収入減に直結すること（村上2011）、子ども期の貧困が成人後の低所得や貧困となって世代間移転されること（阿部2007；佐藤・吉田2007）[3]などが指摘されている。

　こうした先行研究の議論を踏まえて、つぎの仮説を設定する。

仮説1：子ども期における親との離死別、父親の失業や大病などのショックが子ども期における家庭の経済状況に悪影響を及ぼす。

仮説2：子ども期における家庭の経済状況が現在（成人後）の社会経済的地位を通じて現在の母親自身の食生活と食卓環境、食生活と食卓環境に関する子どもへの働きかけに影響を及ぼす。

仮説3：子ども期における家庭の経済状況が子ども期の食生活と食卓環境に影響を及ぼし、そのことが現在の食生活や食卓環境に関する子どもへの働きかけに影響を及ぼす。

　上記の仮説を検証するために、**図10-1**および**表10-1**に示した9因子──「子ども期のショック」、「子ども期の経済状況」、「現在の社会経済的地位」、「子ども期の食生活」、「子ども期の食卓環境」、「現在の食生活」、「現在の食卓環境」、「食生活に関する子への働きかけ」、「食卓環境に関する子への働きかけ」──からなるパス図を用いる。

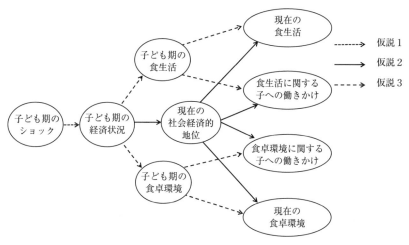

図10-1　仮説検証のためのパス図

3．使用するデータと分析方法

（1）使用するデータ

　子ども期から成人期までの追跡調査パネルデータは容易に入手できない。
そこで最初に、インターネット調査会社である株式会社ドゥ・ハウスが有す
る消費者モニターから30歳代・40歳代の既婚女性5,000人をランダムに抽出し、
家族構成と世帯年収に関するWebアンケートによる予備調査を行った。そ
のうえで、小学校中学年生（小学3・4年生）あるいは高学年生（同5・6
年生）の子どもと同居している既婚の母親300人を対象としてWebアンケー
トによる本調査を実施した。予備調査・本調査ともに、2020年11月に実施し
た。年齢、最終学歴、世帯年収、家族構成などの個人・世帯属性や現在の暮
らし向きに加えて、現在の食行動・食意識や食育意識、子ども期の食行動・
食卓環境や家庭の経済状況、子ども期における親の離死別や失業経験の有無
等の情報を収集した[4]。新型コロナウイルス感染症の拡大による影響を取り
除くために、食行動・食意識や経済状況等に関してはコロナ流行前の状況に

表 10-1 観測変数のリスト

	因子名および各変数にかかわる質問項目	選択肢	平均値	標準偏差
	「子ども期のショック」因子			
変数 1	小学生か中学生の頃に親が離婚した	はい＝1、いいえ＝0	0.093	0.291
変数 2	小学生か中学生の頃に親が亡くなった	はい＝1、いいえ＝0	0.033	0.180
変数 3	小学生か中学生の頃に父親が失業した	はい＝1、いいえ＝0	0.077	0.267
変数 4	小学生か中学生の頃に父親が大病をした	はい＝1、いいえ＝0	0.050	0.218
	「子ども期の経済状況」因子			
変数 5	小学 5 年生の頃の暮らし向き	ゆとりがあった＝5、ややゆとりがあった＝4、どちらともいえない＝3、ややゆとりがなかった＝2、ゆとりがなかった＝1	3.320	1.164
変数 6	17 歳の頃の暮らし向き	ゆとりがあった＝5、ややゆとりがあった＝4、どちらともいえない＝3、ややゆとりがなかった＝2、ゆとりがなかった＝1	3.177	1.215
変数 7	小学生か中学生の頃、生活が苦しそうだった	はい＝1、いいえ＝0	0.207	0.406
	「子ども期の食卓環境」因子			
変数 8	小学 5 年生の頃、食事がおいしく食べられた	よくあった＝4、ときどきあった＝3、あまりなかった＝2、ほとんどなかった＝1	3.277	0.922
変数 9	小学 5 年生の頃、食事中に家族と会話した	よくあった＝4、ときどきあった＝3、あまりなかった＝2、ほとんどなかった＝1	3.203	0.930
変数 10	小学 5 年生の頃、食卓の雰囲気は明るかった	よくあった＝4、ときどきあった＝3、あまりなかった＝2、ほとんどなかった＝1	3.083	0.945
	「現在の社会経済的地位」因子			
変数 11	回答者の最終学歴	大卒・院卒・専門学校（大卒相当）＝4、短大卒・専門学校（高卒相当）＝2、中卒（高校中退を含む）＝1	2.963	0.930
変数 12	2019 年の世帯年収	900 万円以上＝5、700 万円以上 900 万円未満＝4、500 万円以上 700 万円未満＝3、300 万円以上 500 万円未満＝2、300 万円未満＝1	2.590	1.268
変数 13	コロナ流行前（2020 年 1 月頃）の暮らし向き	ゆとりがある＝5、ややゆとりがある＝4、どちらともいえない＝3、ややゆとりがない＝2、ゆとりがない＝1	2.823	1.014
	「子ども期の食生活」因子			
変数 14	小学 5 年生の頃、朝食をとらずに学校に行った	ほとんどなかった＝4、あまりなかった＝3、ときどきあった＝2、よくあった＝1	3.470	0.847
変数 15	小学 5 年生の頃、スーパーやコンビニの弁当、インスタント食品を食べた	ほとんどなかった＝4、あまりなかった＝3、ときどきあった＝2、よくあった＝1	3.537	0.773
変数 16	小学校 5 年生の頃、栄養バランスを考えて食べた	よくあった＝4、ときどきあった＝3、あまりなかった＝2、ほとんどなかった＝1	2.750	1.012

	「現在の食生活」因子				
変数17	普段（コロナ流行前）、1日3食きっちり食べる	気をつけている＝5、どちらかといえばほぼ気をつけている＝4、どちらでもない＝3、どちらかといえばほぼ気をつけていない＝2、気をつけていない＝1	4.187	1.024
変数18	普段（コロナ流行前）、暴飲暴食をしない	気をつけている＝5、どちらかといえばほぼ気をつけている＝4、どちらでもない＝3、どちらかといえばほぼ気をつけていない＝2、気をつけていない＝1	3.863	0.980
変数19	普段（コロナ流行前）、栄養バランスが偏らないようにする	気をつけている＝5、どちらかといえばほぼ気をつけている＝4、どちらでもない＝3、どちらかといえばほぼ気をつけていない＝2、気をつけていない＝1	3.930	0.865
変数20	普段（コロナ流行前）、添加物の多い食べ物を控える	気をつけている＝5、どちらかといえばほぼ気をつけている＝4、どちらでもない＝3、どちらかといえばほぼ気をつけていない＝2、気をつけていない＝1	3.377	1.067
変数21	普段（コロナ流行前）、野菜や果物を多くとる	気をつけている＝5、どちらかといえばほぼ気をつけている＝4、どちらでもない＝3、どちらかといえばほぼ気をつけていない＝2、気をつけていない＝1	3.987	0.907
	「食生活に関する子への働きかけ」因子				
変数22	普段（コロナ流行前）、調理を工夫して子どもの好き嫌いを防ぐ	気をつけている＝5、どちらかといえばほぼ気をつけている＝4、どちらでもない＝3、どちらかといえばほぼ気をつけていない＝2、気をつけていない＝1	3.813	0.865
変数23	普段（コロナ流行前）、子どもの栄養バランスが偏らないようにする	気をつけている＝5、どちらかといえばほぼ気をつけている＝4、どちらでもない＝3、どちらかといえばほぼ気をつけていない＝2、気をつけていない＝1	4.233	0.740
変数24	普段（コロナ流行前）、子どもに添加物の多い食べ物を控えさせる	気をつけている＝5、どちらかといえばほぼ気をつけている＝4、どちらでもない＝3、どちらかといえばほぼ気をつけていない＝2、気をつけていない＝1	3.687	0.996
変数25	普段（コロナ流行前）、子どもに野菜や果物を多くとらせる	気をつけている＝5、どちらかといえばほぼ気をつけている＝4、どちらでもない＝3、どちらかといえばほぼ気をつけていない＝2、気をつけていない＝1	4.107	0.807
	「食卓環境に関する子への働きかけ」因子				
変数26	普段（コロナ流行前）、子どもと食の話をする	気をつけている＝5、どちらかといえばほぼ気をつけている＝4、どちらでもない＝3、どちらかといえばほぼ気をつけていない＝2、気をつけていない＝1	3.950	0.926
変数27	普段（コロナ流行前）、食事中に子どもと話をする	気をつけている＝5、どちらかといえばほぼ気をつけている＝4、どちらでもない＝3、どちらかといえばほぼ気をつけていない＝2、気をつけていない＝1	4.147	0.861
変数28	普段（コロナ流行前）、子どもと食事作りをする	当てはまる＝5、どちらかといえばほぼ当てはまる＝4、どちらでもない＝3、どちらかといえばほぼ当てはまらない＝2、当てはまらない＝1	3.057	1.106
	「現在の食卓環境」因子				
変数29	普段（コロナ流行前）、食事がおいしく食べられる	当てはまる＝5、どちらかといえばほぼ当てはまる＝4、どちらでもない＝3、どちらかといえばほぼ当てはまらない＝2、当てはまらない＝1	4.283	0.743
変数30	普段（コロナ流行前）、食卓の雰囲気は明るい	当てはまる＝5、どちらかといえばほぼ当てはまる＝4、どちらでもない＝3、どちらかといえばほぼ当てはまらない＝2、当てはまらない＝1	4.160	0.785
変数31	普段（コロナ流行前）、料理は楽しい	当てはまる＝5、どちらかといえばほぼ当てはまる＝4、どちらでもない＝3、どちらかといえばほぼ当てはまらない＝2、当てはまらない＝1	3.233	1.171
変数32	普段（コロナ流行前）、日々の食事に満足している	当てはまる＝5、どちらかといえばほぼ当てはまる＝4、どちらでもない＝3、どちらかといえばほぼ当てはまらない＝2、当てはまらない＝1	3.673	0.922

ついて質問した。

　なお母親300人を選定する際に特定の経済階層に回答者が偏らないように、世帯年収が「300万円未満」、「300万円以上500万円未満」、「500万円以上700万円未満」、「700万円以上」の４階層からそれぞれ抽出した75人の母親を調査対象とした。

（2）分析方法

　前節でも述べたとおり、調査で得られた300人分の個票データに共分散構造分析を適用することによって仮説の検証を行う[5]。分析に用いるすべての観測変数が順序カテゴリカル変数あるいは二値変数（例えば子ども期における親の失業有無）である。そこで、Muthénが開発した手法——最尤法によってポリコリック相関（polychoric correlation）あるいはテトラコリック相関（tetrachoric correlation）の漸近的共分散行列（asymptotic covariance matrix）を推計し、その対角行列で重み付けした最小二乗法（WLSMV）——によってパラメータの推計を行う。

４．分析結果と考察

（1）共分散構造分析によるパラメータの推計

　前節で説明したとおり、すべての観測変数が離散型の順序カテゴリカル変数あるいは二値変数であることから、カテゴリカル共分散構造分析を用いる。潜在変数と観測変数間のパス係数はすべて１％水準で有意であった。また、潜在因子間のパス係数については、「子ども期の食生活」因子→「現在の食生活」因子間、「現在の社会経済的地位」因子→「食卓環境に関する子への働きかけ」因子間のみ５％水準で有意であり、それ以外はすべて１％水準で有意であった（**図10-2**）。また、共分散構造分析の適合度指標を示すと、CFI＝0.965、TLI＝0.961、RMSEA＝0.065（90％信頼区間は0.059〜0.070）、SRMR＝0.096であった。一般的に、CFIとTLIは0.95以上、RMSEAとSRMR

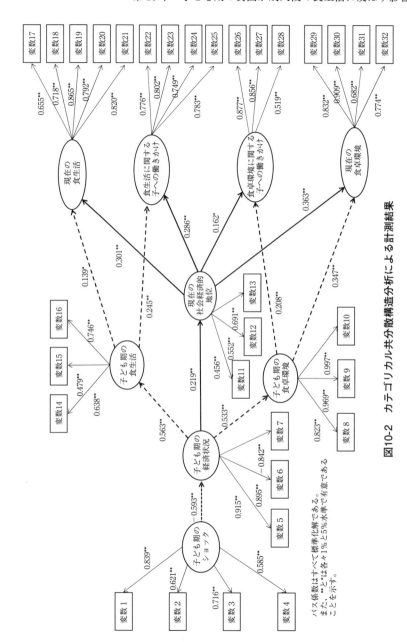

図10-2　カテゴリカル共分散構造分析による計測結果

は0.05以下が良い適合度とされている。また、RMSEAとSRMRについては、0.1以上で当てはまりが悪いとされている。こうした一般的な適合度指標の基準と比較すると、本章で分析に用いる計測モデルは比較的当てはまりがよいと判断できる。よって以下、推定した標準化パス係数を用いて仮説の検証および考察を行っていく。

（2）仮説の検証

1）仮説1の検証

　最初に、仮説1「子ども期にける親との離死別、父親の失業や大病などのショックが子ども期の家庭の経済状況に悪影響を及ぼす」について検証していく。「子ども期のショック」因子から「子ども期の経済状況」因子へのパス係数（標準化解）は－0.593であり1％水準で有意であった。この計測結果から、子ども期における親の離死別や父親の失業・大病などのショックが家庭の経済状況を顕著に悪化させることが明らかとなった（仮説1の成立）。

2）仮説2の検証

　次に、仮説2「子ども期の家庭の経済状況が現在（成人後）の社会経済的地位を通じて現在の母親自身の食生活と食卓環境、食生活や食卓環境に関する子どもへの働きかけに影響を及ぼす」について検証していく。「子ども期の経済状況」因子から「現在の社会経済的地位」因子への標準化パス係数は0.219と1％水準で有意な正値であった。よって、子ども期における家庭の経済状況が成人後の社会経済的地位に一定の影響を及ぼしており、経済的困窮や貧困の世代間連鎖が起こっている可能性が指摘できる。また上述した仮説1の検証結果も勘案すると、子ども期における親の離死別や失業等のショックが家庭の経済状況に悪影響を及ぼし、そのことが成人・結婚後の社会経済的地位の低下を助長していると指摘できる（「子ども期のショック」因子から「現在の社会経済的地位」因子への総合効果は－0.593×0.219＝－0.130）。

　「現在の社会経済的地位」因子から「現在の食生活」因子と「現在の食卓

環境」因子へのパス係数は各々0.301と0.363と１％水準で有意な正値であった。よって、現在の社会経済水準が母親自身の食生活や食卓環境に影響を及ぼしているといえる。また、「現在の社会経済的地位」因子から「食卓環境に関する子への働きかけ」因子と「食生活に関する子への働きかけ」因子へのパス係数はそれぞれ0.162と0.286と正値であり、それぞれ５％水準と１％水準で有意であった。よって、現在の社会経済的地位が母親自身の食生活や食卓環境に及ぼす影響ほどではないものの、母親から子どもへの働きかけ（食育）行動にも一定の影響を及ぼすことが明らかとなった。こうした分析結果を総じてみると、仮説２は成立すると判断できる。

3）仮説３の検証

　最後に、仮説３「子ども期における家庭の経済状況が子ども期の食生活と食卓環境に影響を及ぼし、そのことが現在の食生活や食卓環境に関する子どもへの働きかけに影響を及ぼす」について検討する。「子ども期の経済状況」因子から「子ども期の食生活」因子と「子ども期の食卓環境」因子へのパス係数は各々0.563と0.533であり、ともに１％水準で有意な正値であった。因子間のパス係数はともに0.5を上回っており他のパス係数と比較しても大きな値であることから、子ども期における家庭の経済状況が当時の食生活や食卓環境に大きな影響を及ぼしていたと推察される。「子ども期の食生活」因子から「現在の食生活」因子と「食生活に関する子への働きかけ」因子へのパス係数は0.139と0.245であり、それぞれ５％水準と１％水準で有意な正値であった。「子ども期の食卓環境」因子から「現在の食卓環境」因子と「食卓環境に関する子への働きかけ」因子へのパス係数は各々0.347と0.208であり、両者とも１％水準で有意な正値であった。こうした計測結果を総じてみると、子ども期における家庭の経済状況が子ども期の食生活（食卓環境）に影響を及ぼし、その影響が成人後の母親自身の食生活（食卓環境）のみならず食生活（食卓環境）にかかわる子どもへの働きかけ行動にも影響を及ぼしている可能性が示唆された。よって、仮説３も成立すると判断できる。

（3）子ども期における家庭の経済状況が成人後の食生活・食卓環境と食育行動に及ぼす影響

　上述した仮説1から仮説3の検証結果を踏まえつつ、子ども期の家庭の経済状況が成人後の食生活・食卓環境と食に関する子どもへの働きかけ（食育）行動に及ぼす影響をより詳細に検討する（**表10-2**）。

　「子ども期の経済状況」因子から「現在の食生活」因子への総合効果は、①「子ども期の経済状況」因子→「現在の社会経済的地位」因子→「現在の食生活」因子、②「子ども期の経済状況」因子→「子ども期の食生活」因子→「現在の食生活」因子の二つの間接効果を合算した値となる。間接効果は

表10-2　現在の食生活に関わる各因子への間接効果と総合効果

	推定値	標準誤差	p 値
「子ども期の経済状況」因子からの			
間接効果・総合効果			
「現在の食生活」因子			
間接効果			
「現在の社会経済的地位」因子経由	0.066	0.026	0.012
「子ども期の食生活」因子経由	0.078	0.041	0.057
総合効果	0.144	0.048	0.003
「現在の食卓環境」因子			
間接効果			
「現在の社会経済的地位」因子経由	0.080	0.030	0.009
「子ども期の食卓環境」因子経由	0.185	0.034	0.000
総合効果	0.265	0.044	0.000
「食生活に関する子への働きかけ」因子			
「現在の社会経済的地位」因子経由	0.063	0.025	0.011
「子ども期の食生活」因子経由	0.138	0.047	0.003
総合効果	0.201	0.054	0.000
「食卓環境に関する子への働きかけ」因子			
「現在の社会経済的地位」因子経由	0.035	0.021	0.085
「子ども期の食卓環境」因子経由	0.111	0.039	0.004
総合効果	0.146	0.042	0.001
「子ども期のショック」因子からの総合効果			
「現在の食生活」因子	−0.085	0.030	0.005
「現在の食卓環境」因子	−0.157	0.034	0.000
「食生活に関する子への働きかけ」因子	−0.119	0.036	0.001
「食卓環境に関する子への働きかけ」因子	−0.087	0.028	0.002

注：推定値は標準化係数を用いて算出した。

各潜在因子間のパス係数を乗じることによって計算できることから、前者は0.066（＝0.219×0.301）、後者は0.078（＝0.563×0.139）と推計できる。よって両者を合算することで、「子ども期の経済状況」因子から「現在の食生活」因子への総合効果は0.144（S.E.＝0.048、p値＝0.003）と推計できる。

　同様の手順に従うと、「子ども期の経済状況」因子→「現在の社会経済的地位」因子→「現在の食卓環境」因子の間接効果は0.080、「子ども期の経済状況」因子→「子ども時代の食卓環境」因子→「現在の食卓環境」因子のそれは0.185であった。よって、「子ども期の経済状況」因子から「現在の食卓環境」因子への総合効果は0.265と推計できる。

　また「子ども期の経済状況」因子→「現在の社会経済的地位」因子→「食生活に関する子への働きかけ」因子の間接効果は0.063、「子ども期の経済状況」因子→「子ども期の食生活」因子→「食生活に関する子への働きかけ」因子のそれは0.138であった。このことから、「子ども期の経済状況」因子から「食生活に関する子への働きかけ」因子への総合効果は0.201と推計できる。

　最後に、「子ども期の経済状況」因子→「現在の社会経済的地位」因子→「食卓環境に関する子への働きかけ」因子の間接効果は0.035、「子ども期の経済状況」因子→「子ども期の食卓環境」因子→「食卓環境に関する子への働きかけ」因子のそれは0.111であった。よって、「子ども期の経済状況」因子から「食卓環境に関する子への働きかけ」因子への総合効果は0.146と推計できる。

　推計した総合効果はいずれも正値であり、子ども期における家庭の経済状況が母親自身の食生活・食卓環境や子どもへの働きかけ行動に一定の影響を及ぼしていることが確認できる。ここで比較のために、「子ども期の経済状況」因子から「現在の食生活」因子、「現在の食卓環境」因子、「食生活に関する子への働きかけ」因子、「食卓環境に関する子への働きかけ」因子への総合効果を列挙すると、各々0.144、0.265、0.201、0.146であり、いずれも1％水準で有意であった。よって、子ども期における家庭の経済状況が成人後に及ぼす影響は、母親自身の食卓環境への影響＞食生活に関する子どもへの働き

かけ行動＞食卓環境に関する子どもへの働きかけ行動＞現在の食生活の順番に大きいと推察される。

　ここで、総合効果の内訳を詳しく検討しよう。子ども期における家庭の経済状況が母親の食行動・食卓環境や食育行動に影響を及ぼすには、①「現在の社会経済的地位」因子を通じた経路、②「子ども期の食生活」因子あるいは「子ども期の食卓環境」因子を通じた経路の二つがある。どちらの経路を通じた影響が大きいかを比較するために、それぞれの総合効果に占める①と②の比率を示すと、「現在の食生活」因子は①45.7％、②54.3％、「現在の食卓環境」因子は①30.1％、②69.9％、「食生活に関する子どもへの働きかけ」因子は①31.2％、②68.8％、「食卓環境に関する子どもへの働きかけ」因子は①24.2％、②75.8％であった。

　「現在の食生活」因子を除くと、他の３因子の場合には②——つまり、子ども期の食生活や食卓環境——を通じた経路からの影響が社会経済的地位を通じたそれよりも大きいといえる。つまり意外にも、成人後の食行動・食育意識が経済的側面での世代間連鎖以上に子ども期の食経験を通じた経路からより大きな影響を受けていることが明らかとなった。成人後の経済水準による影響を除去してもなお、子ども期の食習慣が成人後のそれに影響を及ぼすという指摘（久保・石田2017）も勘案すると、経済的困窮が子どもたちの食行動・食習慣に及ぼす負の影響は、彼らが成人した後まで長期間にわたって残り続ける可能性が指摘できる。

　上述から明白なとおり、子ども期における家庭の経済状況が母親の食行動・食卓環境や子どもに対する食育行動に影響を及ぼすことが明らかとなった。ここで、子ども期における親の離死別や父親の失業・大病というショックが同期における経済状況に負の影響を及ぼす（パス係数は−0.593）という計測結果を踏まえると、こうした子ども期のショックが成人後の食行動・食卓環境や食育行動に少なからず影響を及ぼすという点には留意が必要であろう。具体的に総合効果を求めると（「子ども期の経済状況」因子から各因子への総合効果に−0.593を乗じることで計算できる）、「現在の食生活」因子へは

－ 0.085、「現在の食卓環境」因子へは － 0.157、「食生活に関する子への働きかけ」因子へは － 0.119、「食卓環境に関する子への働きかけ」因子へは－ 0.087であった。いずれも 1 ％水準で有意に負値であることから、子ども期における親の離死別や父親の失業・大病などのショックが母親となった現在でも、自らの食行動や食に関する子どもへの働きかけ行動に少なからず影響が残ると推察される。

5．おわりに

　子ども期（過去）の経済状況と成人期（現在）の食行動や食育意識との関連性を論じた研究は極めて限られている。そこで本章では、子ども期における家庭の経済状況が成人後の食生活・食卓環境や食に関する子どもへの働きかけ（食育）行動に及ぼす影響を定量的に明らかにすることを主たる目的とした。小学校 3 年生から 6 年生の子どもを有する既婚の母親300人を対象に実施したWebアンケート調査の個票データを用いて、カテゴリカル共分散構造分析による定量分析を行った結果、以下のことが明らかとなった。

　第 1 に、子ども期における親との離別・死別、父親の失業や大病などのショックが子ども期における家庭の経済状況に悪影響を及ぼす。第 2 に、子ども期における家庭の経済状況が現在（成人後）の社会経済的地位を通じて母親自身（現在）の食生活と食卓環境、食に関する子どもへの働きかけ行動に影響を及ぼす。第 3 に、子ども期における家庭の経済状況が当時の食生活と食卓環境に影響を及ぼし、そのことが母親となった現在の食生活や食卓環境のみならず、食に関する子どもへの働きかけ行動にも影響を及ぼす。第 4 に、上述した第 1 から第 3 の指摘も勘案すると、子ども期における親の離死別や父親の失業・大病などのショックが母親となった現在でも、自らの食行動や食に関する子どもへの働きかけ行動に少なからず影響が残る。最後に、子ども期における家庭の経済状況が成人後の食行動・食育行動に及ぼす間接効果を比較すると、自身の食生活と食卓環境および食に関する子どもへの働きか

け行動のいずれにおいても、意外にも「子ども期における経済状況」から「現在の社会経済的地位」よりも「子ども期の食生活」や「子ども期の食卓環境」を通じた影響の方が相対的に大きいことが明らかとなった。

　以上を総じて判断すると、子ども期のさまざまなショック経験や経済的困窮が成人後の食行動に負の影響を及ぼすばかりでなく、母親としての子どもに対する食育行動にも負の影響を及ぼす可能性が示唆された。一般的に、貧困の世代間連鎖にかかわる研究では、学歴、所得額や動産・不動産資産額に基づく社会経済的階層の固定化が指摘されている。本章の分析結果を踏まえると、「食」に関わる行動・意識面についても世代間連鎖がみられる可能性が指摘できる。さらに、成人後の食行動・食育意識が経済的側面での世代間連鎖以上に子ども期の食経験からより大きく影響を受けている点には留意すべきであろう。成人後の経済水準による影響を除去してもなお、子ども期の食習慣が成人後のそれに影響を及ぼすという指摘（有宗・石田ら2012；久保・石田2017）も勘案すると、経済的困窮が子どもたちの食行動・食習慣に及ぼす負の影響は、彼らが成人した後まで長期間にわたって残り続ける可能性がある。こうした「食」にかかわる負の世代間連鎖を断ち切るためには、経済的困窮世帯に対する経済支援のみならず、学校や地域における食育教育などをより強化することで経済的困窮世帯における子どもの食行動・食習慣の乱れを少しでも早く解消していく努力が求められるであろう。

　最後に本章を締めくくるにあたり、残された課題をいくつか述べておく。

　本章では、小学３年生から６年生の子どもを持つ既婚の母親のみを分析対象とした。すでに複数の先行研究によって、母子世帯の母親は概して食行動が乱れる傾向にあり、食に関する子どもへの働きかけ行動も少ないことが明らかにされている（石田・吾郷ら2015；石田・久保ら2017；久保・石田2016；松田・石田ら2020）。加えて母子世帯の母親は概して低所得層の出身者比率や子ども期に親が離婚している割合が高いとも指摘されており、子ども期における経済的困窮が成人後の食行動や子どもへの働きかけ行動をより詳細に分析するには、母子世帯の母親も対象に含めた分析が求められる。ま

た、近年の婚姻率の低下傾向や単身者・未婚者ほど食行動が乱れているという指摘（有宗・石田ら2012）も踏まえると、母親以外も含めて子ども期の経済的困窮が及ぼす影響を検討する必要がある。

　このほかにも、貧困の世代間連鎖（山田・小林ら2014）や食生活の乱れ（有宗・石田ら2012；山下・久野ら2005）には性差がみられるとの指摘があり、子ども期の経済的困窮が成人後の食行動・食意識に及ぼす影響の性差についても検討していく必要があるだろう。さらに本章では、経済的要因が及ぼす影響を中心に検討したが、例えば子ども期におけるさまざまなショックや家族関係（親子関係）・友人関係に起因する心理的要因からの影響に関しては検討できなかった。こうした点も含めて残された課題は多く、文化資本の形成にも関係する食文化・食習慣の継承という観点も含めてより包括的な分析が必要であり、今後「食」の世代間連鎖に関する研究の進展が望まれる。

注
1）「子どもの貧困率」とは、17歳以下の子どものうち、等価可処分所得が貧困線に満たない子どもの割合のことである。
2）祖父母世代の貧困が孫の抑うつと正に関連するという阿部（2021）の指摘を踏まえると、貧困問題が世代を超えて子どもの精神健康面にも負の影響を及ぼす可能性がある。
3）子ども期の貧困が低学歴・低賃金労働を通じて成人後の低所得・貧困につながるという経路以外にも、「非認知的（non-cognitive）な貧困の影響の経路」（阿部2007）があり，教育機会の喪失のみが貧困の世代間連鎖の経路ではない可能性が指摘されている。
4）研究予算の制約もあって、調査対象者には自身の子どもの食行動に関する質問は行えなかった。子どもの食行動が乱れているがゆえに調査対象者（親）が子どもに働きかけをより積極的に行う可能性もある。こうした点も含めたより包括的な分析については、今後の課題としたい。
5）世代を超えて貧困が及ぼす影響を分析する際には、内生性にも配慮しながら変数間の複雑な因果関係を解明していく必要がある。そこで本章では、阿部（2021）や牧野・石田（2018）と同様に共分散構造分析を用いて分析を行う。

引用・参考文献
阿部彩（2007）「日本における社会的排除の実態とその要因」『季刊社会保障研究』

43（1），pp.27-40.

阿部彩（2012）「子どもの健康格差の要因─過去の健康悪化の回復力に違いはあるか─」『医療と社会』22（3），pp.255-269.

阿部彩（2021）「祖父母世代の貧困と孫のBMIと抑うつの関係─東京都「子どもの生活実態調査」の分析─」『日本公衆衛生雑誌』68（5），pp.339-348.

有宗将太・石田章・松本寿子・横山繁樹（2012）「成人の朝食欠食を規定する要因」『農業生産技術管理学会誌』19（2），pp.47-55.

石田章・吾郷早也佳・横山繁樹（2015）「母子世帯における子どもの食行動と母親の影響─とくに朝食欠食に着目して─」『食農資源経済論集』66（2），pp.27-43.

石田章・久保紀美・牧野このみ・谷口桃子（2017）「子どもと母親の食行動・食意識と貧困」『フードシステム研究』24（2），pp.99-112.

石原暢・富田有紀子・平出耕太・水野眞佐夫（2015）「日本の子どもにおける貧困と体力・運動能力の関係」『北海道大学大学院教育学研究院紀要』122，pp.93-105.

藤井伸生・堤惇一郎（2020）「子どもの貧困対策に「地域格差」─大阪府内43市町村への施策調査結果報告─」『住民と自治』684，pp.30-33.

平谷優子（2019）「相対的貧困世帯の子どもの健康関連Quality of Life」『小児保健研究』78（3），pp.209-219.

河村昌幸・石田章・横山繁樹（2013）「中高生の朝食欠食・偏食に関する考察」『農業生産技術管理学会誌』20（3），pp.85-93.

近藤克則（2020）「子どもの貧困と健康─健康格差社会への処方箋─」『子どもの健康科学』20（1），pp.21-27.

厚生労働省（2020）『2019年国民生活基礎調査の概況』．https://www.mhlw.go.jp/toukei/saikin/hw/k-tyosa/k-tyosa19/index.html

久保紀美・石田章（2016）「母子世帯の母親の食意識・食行動」『農業経済研究』88（2），pp.194-199.

久保紀美・石田章（2017）「母子世帯出身者の食行動について」『農業市場研究』26（1），pp.14-20.

牧野このみ・石田章（2018）「貧困の世代間連鎖と食生活に関する考察─多母集団の同時分析による男女比較─」『農業市場研究』27（1），pp.68-74.

松田紀美・石田章・西澤晃彦（2020）「母親の子ども期を考慮した母子世帯の食生活に影響を与える要因─阪神地区に居住する8人の母親へのインタビュー調査を通して─」『フードシステム研究』26（4），pp.217-233.

松田幸子・竹内真理・野田敦史・岡本拡子（2020）「沖縄県における子どもの貧困対策─沖縄県と南風原町の取り組み─」『高崎健康福祉大学紀要』19，pp.79-87.

森脇弘子・岸田典子・上村芳枝・竹田範子・佐久間章子・寺岡千恵子・梯正之（2007）「女子学生の健康状況・生活習慣・食生活と小学生時の食事中の楽しい会話との

関連」『日本家政学会誌』58（6），pp.327-336.

村上あかね（2011）「離婚による女性の社会経済的状況の変化―「消費生活に関するパネル調査」への固定効果モデル・変量効果モデルの適用―」『社会学評論』62（3），pp.319-335.

大石亜希子（2007）「子どもの貧困の動向とその帰結」『季刊社会保障研究』43（1），pp.54-64.

小野川文子・田部絢子・内藤千尋・髙橋智（2016）「子どもの「貧困」における多様な心身の発達困難と支援の課題」『公衆衛生』80（7），pp.475-479.

大澤真平・松本伊智朗（2016）「日本の子どもの貧困の現状」『公衆衛生』80（7），pp.462-469.

佐藤嘉倫・吉田崇（2007）「貧困の世代間連鎖の実証研究―所得移動の観点から―」『日本労働研究雑誌』49（6），pp.75-83.

鈴木孝弘・田辺和俊（2020）「都道府県別の子どもの貧困率の要因分析」『現代社会研究』17，pp.53-61.

髙橋祐哉・石田章（2011）「母親の食意識を規定する背景要因」『農業生産技術管理学会誌』17（4），pp.145-151.

谷口桃子・石田章・井上憲一（2017）「母親の食育関心度と食行動との関連性および食育関心度の規定要因に関する考察」『食農資源経済論集』68（2），pp.21-32.

谷口桃子・石田章（2018）「成人女性の食行動・食意識の規定要因に関する考察」『食農資源経済論集』69（2），pp.25-35.

ユニセフ（2017）『未来を築く―先進国の子どもたちと持続可能な開発目標（SDGs）―』日本ユニセフ協会．https://www.unicef.or.jp/library/pdf/labo_rc14j.pdf

卯月由佳・末冨芳（2015）「子どもの貧困と学力・学習状況―相対的貧困とひとり親の影響に着目して―」『国立教育政策研究所紀要』144，pp.125-140.

山田篤裕・小林江里香・Jersey Liang（2014）「所得の世代間連鎖とその男女差―全国高齢者パネル調査（JAHEAD）子ども調査に基づく新たな証拠―」『貧困研究』13，pp.39-51.

山下千恵子・久野真奈見・松永泰子・北面美穂・早渕仁美（2005）「中年男女の食生活実態」『福岡女子大学人間環境学部紀要』36，pp.33-40.

（石田章・植村麻弥・牧野このみ）

第11章

食の安全・安心

1. はじめに

　安全・安心な社会の構築に資する科学技術政策に関する懇談会（2004）は、安全と安心の関係について次のように定義している。人々の安心を得るための前提として、安全の確保に関わる組織と人々の間に信頼を醸成することが必要である。互いの信頼がなければ、安全を確保し、さらにそのことをいくら伝えたとしても相手が安心することは困難だからである。よって、安心とは、安全・安心に関係する者の間で、社会的に合意されるレベルの安全を確保しつつ、信頼が築かれる状態である。

　飯澤・矢野（2008）では、食品安全基本法で事業者は「食品の安全性の確保について第一義的な責務」と「必要な措置を食品供給工程の各段階において適切に講じる責務」（第8条）を有し、消費者は「安全性の確保に関する知識と理解を深めるとともに、食品の安全性の確保に関する施策について意見を表明するように努めることによって、食品の安全性の確保に積極的な役割を果たす」（第9条）とされていることが述べられている。しかしながら、矢野（2019）に整理されているような2000年代以降の食品の安全性や信頼の問題が後を絶たない。このような問題の発生回避に向けて農業市場研究が貢献できる部分は大きいであろう。

　そのような背景の下、本章では、まず、食に関する事業者と消費者の有す
る情報の非対称性により生じる逆選択やモラルハザードの問題に対応するた
めに、モニタリング、シグナリング、インセンティブが食の生産から消費に
至る過程でどのように機能化、制度化されているのか、また、食品情報の不
完全性への政府の介入はどのようにされているのか、それらの成果や問題、
そして、今後の研究課題は何かということを『農業市場研究』の論文を整理
しながら論じていく。さらに、食に関する逆選択の問題の一つと捉えられる、
信用属性である化学農薬及び化学肥料の投入水準に関する消費者の優良誤認
を取り上げ、信用属性の程度を伝える認証表示への消費者の信頼度と優良誤
認の関係、優良誤認と市場評価の関係を解明する。

2．情報経済分析の視点

　Antle（2002）によれば、食品安全を分析するためには、非対称不完全情
報（消費者にとって情報が不完全であるが企業にとってはそうではない）と
対称不完全情報（消費者と事業者の両方に情報が不完全である）を区別する
ことが有用である。
　消費者と事業者との距離が拡大し、食に関する非対称性情報下にあるため
に、各個人が他人の知らない知識を持っているという知識が隠れた状態、各
個人が他人の行動を観察できないという行動が隠れた状態となる。
　売り手の有する商品知識が買い手の有する商品知識より大きい状態では逆
選択の問題が生じる。商品の質が隠れて、質の異なる商品が同じ価格で販売
されると、商品への評価は最低品質商品への評価と市場に出回っていると価
格から推測される最高品質商品への評価の間に決まり、品質が高い商品ほど
売れなくなる。逆選択とはこのようなことをいう。
　売り手の行動を買い手は観察することができない状態に陥るとモラルハザ
ードの問題が生じる。隠れた行動を理由に、他者を犠牲にして自己の利益を
追求しようと行動することがモラルハザードである。

売り手よりも買い手が商品に関する情報を持たない状況で、本当の質よりも良い質の品として販売されることは、昨今の食の安全・安心を揺るがす出来事でしばしば見られる。

　情報の非対称性がもたらす逆選択やモラルハザードへの対応として、一つは情報収集により情報格差をなくしてしまおうとすることがあり、その内容は隠れた行動の観察を目的としたモニタリング、隠れた知識についての情報開示を目的としたシグナリングとスクリーニングである。もう一つは適切なインセンティブを設計して、モラルハザードを防止しようとすることがあり、インセンティブとは動機づけ、あるいは誘因のことで、特定の行動を引き出すための報酬がある。

　情報の非対称性とは異なり、食品の信用属性に関する情報が完全ではないという食品の不完全情報下に陥ることがある。Tirole（1988）は次のことを述べている。信用属性に関する情報には獲得できないもの、または、遅すぎるが長い時間をかけて獲得できるものがある。信用属性を原因とする被害が生じた場合、事業者責任に基づき当該事業者のみで被害者の損害を賠償することは容易ではないだろう。これらの性質を考慮して、政府の介入が望まれる。

3．農業市場研究（2005年〜2015年）の成果

（1）非対称情報に関する問題と対策

1）日本における風評被害の問題と対策

　小山（2013）は、風評被害とは、適切な情報が消費者に届いていないことが原因で消費者が不安を増大し、原子力災害の起きた福島産のものは買わないという行動に出ることで生じるため、消費者へ安心情報を提供するためには、科学的なデータを公表することが必要であるとして、農産物に関する放射性物質汚染対策の根幹は、土壌をはかることにあり、それを広域に網羅した土壌汚染マップの作成が急務であると指摘している。ここで、土壌汚染マ

ップの公表は農産物に関連する情報のシグナリングと捉えることができ、風
評被害の対策として、それが必要であることを論じている。

2）ベトナムにおける「安全な野菜」の問題と対策

　ホアン・中安（2007）におけるホーチミン市での調査からは、「安全な野菜」
の需要が高くなる時、ある商人は多くの利益を確保するため通常の野菜を買
い、洗って、偽の「安全な野菜」に切り替えて売っていたというモラルハザー
ドの問題、また、スーパーではすぐに料理できるカット野菜を売っている
が、ラベルがないので、消費者は綺麗にパックされたカット野菜を「安全な
野菜」と誤認した問題が確認できる。
　Hoang and Nakayasu（2006）は、ベトナムにおいて品質管理あるいは認
証制度がはっきり確立しておらず通常の野菜との差別化が図られていないと
いう問題を解決するため、生産者は組織化し、店を開いて、自分たちで安全
な野菜を販売するべきだと考え、これは、製品の品質を証明できるためとし
ている。認証制度には監査と表示といったモニタリングやシグナリングを内
包するものが多いが、認証制度が明確に確立されていないので、生産者が消
費者に直接販売することを提言している。しかし、この場合にも消費者によ
るモニタリングと生産者によるシグナリングが機能化される必要はあるだろ
う。

3）中国における卸売市場認証の制度と機能

　謝・福田ら（2009）では、中国の卸売市場は認証基準の高い緑色市場、緑
色市場より認証基準の低い標準化市場、認証されていない普通市場の3類型
があり、叶・竹谷（2011）では、緑色卸売市場において、検査センターに24
名の検査員を配置し、野菜の種類に応じて抜き取り検査を行い、その結果を
市場内のスクリーンと市のホームページで公表すること、また、不合格の結
果が出ると、業務管理部から1回目は取引場所経営者に警告し、野菜を処分、
2回目で取引場所経営者の登録情報に基づき、市場内スクリーンに場所経営

者の名前、住所、不合格野菜名を掲示、不合格3回目で取引許可証を没収、その場合、一年間は市場での取引ができなくなることが紹介されている。ここでの抜き取り検査はモニタリング、その結果が公表されるとともに、不合格の回数増に対して罰則が強化されることはインセンティブとみなすことができる。

4）内モンゴルにおける「メラミンミルク事件」の発生メカニズムと対策

鳥雲塔娜・福田ら（2012）は、内モンゴルにおける「メラミンミルク事件」について、乳業メーカーから集乳委託された個人搾乳ステーションが生乳の安全性に関してモラルハザードを起こした理由を明らかにした。そして、メラミン問題を契機に導入された新制度により、個人搾乳ステーションへの監視厳格化（モニタリングの強化）、蛋白質含有率が低い生乳の取引可能性の向上（メラミン混入のインセンティブが緩和）、乳業メーカーによる生産・流通段階の系列化が推進され、生乳の安全性を担保するものとなっていると論じている。これは、モラルハザードを防止するための新制度によるモニタリングの強化とインセンティブの再設計の事例といえる。

5）中国における中国産野菜の残留農薬問題発生後の対策

大島（2006）では、中国産野菜の残留農薬問題発生後の中国政府対応として、「輸出入野菜栽培基地管理細則」によって、登録基地における農薬の購入・管理・使用状況の厳格な把握と記録、残留農薬検査の定期的実施、検査結果の記録、最低20ha（300ムー）以上の企業専用栽培基地の確保、最低1名の専属農業技術者の配置、等の新施策が実施されたこと、菊地・大島（2006）は、その細則の問題点を指摘している。つまり、輸出野菜栽培のモニタリングの制度化とその実効性に関する研究がなされている。

隋・坂爪ら（2005a）には、加工企業と農場の間での自主的な罰則（インセンティブ）の存在が示されている。農場主は加工企業との契約時に生産管理見積金として20万元を加工企業側に預けている。この見積金は、野菜に不

良品が多いか、もしくは高い残留農薬が検出された場合に罰金として同社に没収され、契約も中止される。また、隋・坂爪ら（2005b）では、残留農薬が検出される度に、中国産冷凍野菜に対する日本での検査が強化され、モニタリング検査および命令検査の実施が多くなったこと、モニタリング検査の費用は政府が負担するが、命令検査の費用はすべて企業の負担になることによる輸入企業の検査費用の増加を述べている。西村（2010）では、輸入企業が取り扱う品目すべてに対して、年3回程度、国内民間検査機関を用いて抜き打ち検査を行うようにしたことが述べられているが、これは、モニタリングの強化を示している。また、呉・中野ら（2007）では、中国側の貿易会社と輸出加工企業間のモニタリング機能について報告されている。貿易会社と4社の野菜生産加工企業によって構成された緩い連合体を形成し、連合体の機能を十分に発揮し、商品の安全管理を徹底するため規約を定めた。野菜生産加工企業は貿易会社に対して以下の責任と義務を負っている。連合体のスーパーバイザーから生産加工技術の指導、監督を受け、安全かつ高品質な商品を生産する。生産加工過程の安全、品質管理の実情を貿易会社に対して誠実に報告する。

6）不正の発生メカニズムと対策

　黄・豊ら（2005）は、韓国と日本で原産地表示違反が引き続き発生している主な要因は、両国ともに一部業者が国産品より安い輸入品を国産と偽装し、不正な方法で多くの利益を得ようとするため、加えて日本においては、ある国産品が不足した際、輸入品を国産品とし、引き続き販売利益を確保しようとするため、また、輸入品のうち質の良い商品を国産と表示し、商品の見栄えをよくし売るためと指摘している。

　豊（2011）は、判別精度（買い手が安全性の高い商品か低い商品かを正しく判り、区別できる確率）が卸売段階市場で小売段階市場より低く、それによって完全情報下での市場価格との乖離が卸売段階市場で小売段階市場より大きくなると、食品の安全・安心を脅かす不正行為や不正表示の誘惑が生じ

るとした。そして、このような不正行為や不正表示を防止するために卸売段階市場と小売段階市場における判別精度の差をなくしつつ、高品質商品が市場に多く供給されるために両市場において判別精度を高めていかなければならないと述べている。

7）認証制度の問題

　陰山・石田ら（2007）によれば、食品表示項目のうち、「大変気にする」あるいは「やや気にする」と回答した者の比率が高かった順番に列挙すると、賞味期限・消費期限、製造年月日、原材料（添加物）、保存方法、製造元、原材料（添加物以外）、販売元、栄養価、カロリー、認定マークであった。食品をいつまで安全に消費できるかに関心が高い一方で、行政等が普及を図っている認定マークへの関心度はさほど高くなかった。つまり、モニタリングによって認証されたシグナルには関心が高くないことを示している。劉・森高ら（2007）では、認証された高品質財と、低品質財の間のどこに認証制度が区分線を引いたのかという点を消費者が「理解」していなければならないが、緑色マークに対する認知率、購買経験率、継続的購買率は高いものの、内容まで理解した上での購買者の割合は半分にも満たず、現状では、認証制度が有効に機能していると評価することが難しいとしている。認証はその対象に関連するモラルハザードや逆選択の問題を解消する手段であるものの、この結論は、逆選択の問題の解消を促進できないことを提示している。

8）表示義務対象者の課題

　田村・李ら（2005）によれば、韓国の飲食店では、輸入肉の比率が高いにもかかわらず、原産地表示が行われていない。これは飲食店での原産地表示が法律等により義務付けられていないためである。そのため、消費者団体や生産者団体から飲食店の原産地表示導入の要求が強まっている。これに関連して、宋（2008）は飲食店の食肉原産地表示制度の全面拡大は必要であるとの結論を下している。これらの論文は原産地表示義務の対象者の範囲はどう

あるべきかという問題を提起している。

9）トレーサビリティの課題

　森川（2007）は、青果物トレーサビリティの有効性を情報の非対称性から問うことを目的として、リスク情報が明確とならないまま、情報コストをかけ、その上、消費者が判断困難な情報でもって顔がみえる関係を構築するために、トレーサビリティを導入・利用するというのであれば、トレーサビリティ機能の代替手段を考えることに社会的コストをかけることの方が意義があろうと述べている。庄子・三島（2006）での生協組合員へのアンケート調査では、牛肉トレーサビリティシステムを利用して実際に購入した牛肉の生産履歴を調べたことがない人が多く、その理由は「商品を信頼しているから」という回答が最も多く、その信頼は生協の牛肉が「生産者・飼育内容が明らかな産直品」だからであろうとしている。これらの研究成果は、生産者と消費者の関係性の強さとトレーサビリティの必要性の逆相関の存在を示すとともに、トレーサビリティにおける開示情報の範囲はどうあるべきかという研究課題を想起させるものである。

（2）不完全情報に関する問題と対策

　金・大西（2009）は、食料の国際貿易を制限する各国の衛生植物検疫措置（SPS措置）の的確性を判断するとともに、食料貿易を巡る紛争解決のための国際的な枠組みであるSPS協定は、加盟国が適正水準の安全性を確保するため、国際基準と異なるSPS措置をとる権利を認めるが、各国のSPS措置はリスク評価に基づくべきであると述べている。このことから、リスク評価に基づく各国のSPS措置は、食品情報の不完全性への政府介入による対策の一つといえる。日本の牛肉市場における牛肉輸入の動向には食品安全委員会のリスク評価に基づくBSE対策の変更が大きく影響している。

4. 信用属性に関する優良誤認、表示への信頼、市場評価

（1）優良誤認の存在

　2016年に農産物の安全性に関するアンケート調査を鹿児島大学農学部1年生に対して実施した。アンケート回答者数は221人であった。有機、特別栽培、慣行の3種類の農産物の安全性の順位付けをしてもらい、順位付けの回答をした208人のうち1〜3位まで正しく順位付けした回答者は89人であった。なお、有機農産物を1位、特別栽培農産物を2位、慣行農産物を3位と答えた回答者はそれぞれ135人、99人、120人であった。

（2）表示への信頼と優良誤認の関係

　有機並びに特別栽培の表示への信頼の程度と農産物の安全性に関する順位付けの正確性の関係についても分析を進め、以下の結果を得た。

　表11-1より、有機農産物、特別栽培農産物、慣行農産物の安全性の順位付けを正しくできるか否かと有機表示への信頼の度合いは関係ない。同様に**表11-2**よりこの順位付けを正しくできるか否かと特別栽培表示への信頼の度合いも関係はない。

　表11-3には有機の安全性を最上位とするか否かと有機表示への信頼の度合いは独立ではないことが示されている。有機表示を信頼している者の割合は、有機の安全性が最上位とする者において、最上位ではないとする者と比べて高い。一方、**表11-4**によれば特別栽培の安全性を（誤認ではあるが）最上位とするか否かと特別栽培表示への信頼の度合いも独立ではない。特別栽培表示を信頼している者の割合は、特別栽培の安全性が最上位とする者において、最上位でないとする者と比べて高い。

　以上から、農産物の安全性の高低を判別する精度と農産物の表示への信頼の度合いとの間に関係はないといえる。また、特別栽培の安全性が最上位とする者のほとんど（87%）は特別栽培表示を信頼しているが、有機と特別栽

表 11-1　農産物の有機表示への信頼と安全性の順位付け正誤のクロス集計

	全体	有機表示を十分信頼している	有機表示を概ね信頼している	有機表示をあまり信頼していない	有機表示を全く信頼していない
順位付け正解者	87	10	73	4	0
	100.0%	11.5%	83.9%	4.6%	0.0%
順位付け不正解者	124	11	97	16	0
	100.0%	8.9%	78.2%	12.9%	0.0%
全体	211	21	170	20	0
	100.0%	10.0%	80.6%	9.5%	0.0%

注：独立性の検定における、カイ二乗値 4.2793、自由度 2、P 値 0.1177

表 11-2　農産物の特別栽培表示への信頼と安全性の順位付け正誤のクロス集計

	全体	特栽表示を十分信頼している	特栽表示を概ね信頼している	特栽表示をあまり信頼していない	特栽表示を全く信頼していない
順位付け正解者	70	4	50	16	0
	100.0%	5.7%	71.4%	22.9%	0.0%
順位付け不正解者	101	7	70	23	1
	100.0%	6.9%	69.3%	22.8%	1.0%
全体	171	11	120	39	1
	100.0%	6.4%	70.2%	22.8%	0.6%

注：独立性の検定における、カイ二乗値 0.8148、自由度 3、P 値 0.8459

表 11-3　有機農産物の表示への信頼と評価のクロス集計

	全体	有機表示を十分信頼している	有機表示を概ね信頼している	有機表示をあまり信頼していない	有機表示を全く信頼していない
有機の安全性が最上位である	133	15	111	7	0
	100.0%	11.3%	83.5%	5.3%	0.0%
有機の安全性は最上位でない	78	6	59	13	0
	100.0%	7.7%	75.6%	16.7%	0.0%
全体	211	21	170	20	0
	100.0%	10.0%	80.6%	9.5%	0.0%

注：独立性の検定における、カイ二乗値 7.7533、自由度 2、P 値 0.0207（＜0.05）

表 11-4　特別栽培農産物の表示への信頼と評価のクロス集計

	全体	特栽表示を十分信頼している	特栽表示を概ね信頼している	特栽表示をあまり信頼していない	特栽表示を全く信頼していない
特栽の安全性が最上位である	37	4	28	4	1
	100.0%	10.8%	75.7%	10.8%	2.7%
特栽の安全性は最上位でない	134	7	92	35	0
	100.0%	5.2%	68.7%	26.1%	0.0%
全体	171	11	120	39	1
	100.0%	6.4%	70.2%	22.8%	0.6%

注：独立性の検定における、カイ二乗値 8.2113、自由度 3、P 値 0.0418（＜0.05）

培の安全性の優良を誤認していることが明らかになった。このようなことは農産物の市場を歪めてしまう。そのような問題の解消には、買い手が農産物の質の高低を判別できるようになることを促進する施策が重要な役割を果たすと考えられる。

（3）優良誤認と市場評価の関係

　また、信用属性の質の高低に対する順位付けの不正確さを考慮した市場評価モデルを構築し、上記の有機、特栽、慣行農産物に関する安全性の順位付けの回答と農林水産省『平成28年生鮮野菜価格動向調査報告』を利用して、実際の有機、特別栽培、慣行の農産物の市場評価とすべての個人が完全に順位付けできた場合のそれらの市場評価にどの程度の乖離が生じるのかを計測した。

　以下の $\hat{P}_i(Q_i{}^*)$ は信用属性の質のレベル i を有する商品の市場均衡数量 $Q_i{}^*$ における現実の市場評価である。i は今回の分析においては有機、特栽、慣行の3レベルあり、化学農薬・肥料の使用の点において真に安全性の最も高い H は有機、2番目に高い M は特栽、3番目に高い L は慣行に対応する。一方、$P_i(Q_i{}^*)$ は信用属性の質レベル i を有する商品の市場均衡数量 $Q_i{}^*$ における真の市場評価である。a、b、c はそれぞれ、有機の質レベルを最も高い H（正解）、2番目に高い M（不正解）、3番目に高い L（不正解）と回答した確率を表している。同様に d、e、f はその順に特栽の質レベルが最も高い H（不正解）、2番目に高い M（正解）、3番目に高い L（不正解）と回答した確率、g、h、i の各々は慣行の質レベルを最も高い H（不正解）、2番目に高い M（不正解）、3番目に高い L（正解）と回答した確率である。

$$\hat{P}_H(Q_H{}^*) = aP_H(Q_H{}^*) + bP_M(Q_M{}^*) + cP_L(Q_L{}^*)$$
$$\hat{P}_M(Q_M{}^*) = dP_H(Q_H{}^*) + eP_M(Q_M{}^*) + fP_L(Q_L{}^*)$$
$$\hat{P}_L(Q_L{}^*) = gP_H(Q_H{}^*) + hP_M(Q_M{}^*) + iP_L(Q_L{}^*)$$

　a、b、c、d、e、f、g、h、i に上記の大学農学部1年生のアンケート

回答から得られた確率と$\hat{P}_H(Q_H{}^*)$、$\hat{P}_M(Q_M{}^*)$、$\hat{P}_L(Q_L{}^*)$には農林水産省『平成28年生鮮野菜価格動向調査報告』に公表された2016年の全国の主要都市における販売店舗におけるにんじんの「国産有機栽培品」、「国産特別栽培品」、「国産標準品」の１kg当たり販売価格を利用した。以上によって下記の連立方程式が成り立つ。これを解くことによってそれぞれの真の市場評価を表す$P_H(Q_H{}^*)$、$P_H(Q_H{}^*)$、$P_L(Q_L{}^*)$が得られる。

$$681 = \frac{135}{208}P_H(Q_H{}^*) + \frac{52}{208}P_M(Q_M{}^*) + \frac{21}{208}P_L(Q^*)$$

$$507 = \frac{42}{208}P_H(Q_H{}^*) + \frac{99}{208}P_M(Q_M{}^*) + \frac{67}{208}P_L(Q^*)$$

$$384 = \frac{31}{208}P_H(Q_H{}^*) + \frac{57}{208}P_M(Q_M{}^*) + \frac{120}{208}P_L(Q^*)$$

$$P_H(Q_H{}^*) = 785$$
$$P_M(Q_M{}^*) = 617$$
$$P_L(Q_L{}^*) = 169$$

　真の市場評価がなされることにより、現実の市場均衡数量において、有機は681/kgから785円/kg、特栽は507円/kgから617円/kgに上昇、慣行は384円/kgから169円/kgへ低下する結果となった。ただし、市場評価の上昇は市場需要曲線の上方へのシフトを意味するので、市場供給曲線が右上がりである限り、このシフトにより有機の市場均衡数量は増加するが、785円/kg未満の市場価格で均衡するであろう。同様のことが特栽にも起こり617円/kg未満で均衡すると考えられる。他方で、慣行の場合は市場需要曲線が下方にシフトすることになるので、市場供給曲線が垂直でない限り169円/kgまで低下することはなく、市場均衡数量は減少するが市場価格は169円/kgよりは高い水準に落ち着くであろう。

　なお、この分析には、理想的には全国からの無作為によって得られた消費者をサンプルとしてa、b、c、d、e、f、g、h、iの確率を得るべきところ、大学農学部１年生という極めて限定された属性を有する消費者をサンプルとした限定的な結果であることに注意を要する。

5．おわりに

　本稿では『農業市場研究』のサーベイにより、食に関する情報の非対称性
による逆選択やモラルハザードの問題への対策として、モニタリング、シグ
ナリング、インセンティブがどのように設計されているのかということに着
目した。関連する論文の中には、そのような問題の発生メカニズム、問題発
生後の対策の内容を明らかにしたものがあるが、食の安全性が確保される費
用効率的な対策を持続していくためには、発生メカニズムを理解した上で、
それに応じた対策を講じることが肝要であり、それについては研究の余地が
あると考えられる。また、そのような研究成果の蓄積は、問題発生後だけで
なく事前の防止対策を講じる場合にも有用であろう。

　食品の信用属性に関する情報が完全ではない状態にも着目した。例えば、
BSE発生国産という属性を有する牛肉を人々が摂食することによる人体への
影響に関する情報が完全でない場合である。このケースでは、リスク評価に
よりBSE発生国産の牛肉輸入が禁止されたが、この判断はSPS協定における
関連条項を満たしたものであれば妥当である。このような情報の不完全性に
よる市場問題への措置に関する正当な協定の適用と科学的なリスク評価の実
行に注視していく必要がある。

　信用属性に関する質の高低への市場評価について、化学農薬・肥料の投入
水準という信用属性の質に差がある有機、特別栽培、慣行農産物を取り上げ
て分析した。その結果、日本においては、この質の高低は認証制度により判
別可能であるが、大学農学部１年生において優良誤認が存在すること、その
程度の優良誤認がなくなれば、いわば逆選択の問題の存在しない市場評価が
得られるが、有機、特別栽培への市場評価は高まることが明らかになった。
したがって、信用属性に関する質をめぐる逆選択を解消し、信用属性の質の
高い商品を普及させるには優良誤認をなくす施策が有効であることを示した。

引用・参考文献

Antle, J. M.（2002）"Economic Analysis of Food Safety," in B. L. Gardner and G. C. Rausser, ed., *Handbook of Agricultural Economics Volume 1B Marketing, Distribution and Consumers*, ELSEVIER, pp.1083-1136.

安全・安心な社会の構築に資する科学技術政策に関する懇談会（2004）『「安全・安心な社会の構築に資する科学技術政策に関する懇談会」報告書』. https://www.mext.go.jp/a_menu/kagaku/anzen/houkoku/04042302.htm

HOANG, H. and NAKAYASU, A.（2006）"The Status of Safe Vegetable Production and Consumption in Dalat City," *Agricultural Marketing Journal of Japan*, 15（2）, pp.107-119.

ホアンハイ・中安章（2007）「ベトナム・フエ市における「安全な野菜」の消費に関する考察」『農業市場研究』16（1）, pp.73-78.

飯澤理一郎・矢野泉（2008）「食品の安全性・安心性」日本農業市場学会編『食料・農産物の流通と市場Ⅱ』筑波書房, pp.236-251.

黄仁錫・豊智行・福田晋・甲斐諭（2005）「農産物の原産地表示制度に関する韓日比較」『農業市場研究』14（2）, pp.121-125.

小山良太（2013）「「風評」問題と食品の放射能検査態勢の体系化」『農業市場研究』22（3）, pp.27-36.

陰山善照・石田章・横山繁樹・會田陽久（2007）「食品表示10項目における消費者意識とその属性に関する考察―首都圏を調査地として―」『農業市場研究』16（2）, pp.120-127.

叶曦英・竹谷裕之（2011）「農産物の安全・安心に関わる中国緑色卸売市場の仕組みと関連生産流通分野の変容―福建省福州市亜峰野菜卸売市場を素材にして―」『農業市場研究』20（1）, pp.38-49.

菊地昌弥・大島一二（2006）「残留農薬問題発生以後における中国輸出農産物産地の対応と課題」『農業市場研究』15（1）, pp.11-19.

金成瓔・大西千絵（2009）「WTO体制における食品安全と国際貿易の課題―牛肉安全をめぐる国際紛争を事例として―」『農業市場研究』18（3）, pp.13-24.

謝文婷・福田晋・豊智行・徐涛（2009）「中国上海市における食品安全政策の推進と流通組織の再編課題」『農業市場研究』18（1）, pp.90-94.

劉小図・森高正博・豊智行・福田晋・甲斐諭（2007）「中国大都市における食品認証制度の普及促進効果―大連市の中間所得層の消費者を対象とした実証分析―」『農業市場研究』16（2）, pp.58-68.

森川洋子（2007）「情報の非対称性からみた青果物トレーサビリティの有効性―フードシステム内でのリスク情報と消費者の情報感受性からのアプローチ―」『農業市場研究』16（2）, pp.34-46.

西村佳道（2010）「対日中国産野菜供給における輸入商社の企業行動―中国産しょ

うがによるBHC農薬残留問題を事例に―」『農業市場研究』18（4），pp.70-75.

大島一二（2006）「中国農業をめぐる環境変化と野菜加工企業の動向」『農業市場研究』15（2），pp.40-46.

庄子太郎・三島徳三（2006）「生協組合員の牛肉購入と食の安全に対する意識の関係―東都生協を事例に―」『農業市場研究』15（1），pp.75-78.

宋春浩（2008）「韓国における食品安全に関する制度と課題―米国産牛肉輸入問題と原産地表示制度を中心に―」『農業市場研究』17（2），pp.6-14.

隋姝妍・坂爪浩史・岩元泉（2005a）「対日加工野菜輸出産地における品質管理システムの形成過程―中国莱陽地域の中堅加工企業による残留農薬事件への対応―」『農業市場研究』14（1），pp.11-19.

隋姝妍・坂爪浩史・岩元泉（2005b）「冷凍野菜輸入企業による残留農薬事件への対応」『農業市場研究』14（2），pp.55-63.

田村善弘・李炳昕・豊智行・福田晋・甲斐諭（2005）「韓国における畜産物の安全・安心確保の現状と課題―政府の対応を中心として―」『農業市場研究』14（2），pp.100-104.

Jean Tirole（1988）*The Theory of Industrial Organization*, The MIT Press.

呉雪峰・中野浩平・前澤重禮（2007）「中国における対日輸出野菜の安全対策のための貿易会社と生産加工企業の連携―上海市S貿易会社が創設した「連合体」を事例として―」『農業市場研究』16（1），pp.10-16.

鳥雲塔娜・福田晋・森高正博（2012）「メラミン問題を契機とした内モンゴルにおける生乳取引構造の変化」『農業市場研究』20（4），pp.24-30.

矢野泉（2019）「食品の安全性と消費者の信頼確保」日本農業市場学会編『農産物・食品の市場と流通』筑波書房，pp.186-199.

豊智行（2011）「食品の安全・安心を脅かす問題の発生メカニズムと防止の課題―非対称情報下にある流通段階別市場の結合分析による接近―」『農業市場研究』20（3），pp.50-56.

（豊　智行）

編者・著者一覧

編著：福田　晋（九州大学）・藤田　武弘（追手門学院大学）

序　章　福田　晋（ふくだ　すすむ）　九州大学
第1章　内藤　重之（ないとう　しげゆき）　琉球大学
第2章　岸上　光克（きしがみ　みつよし）　和歌山大学
第3章　藤田　武弘（ふじた　たけひろ）　追手門学院大学
第4章　高梨子　文恵（たかなし　ふみえ）　東京農業大学
第5章　菊地　昌弥（きくち　まさや）　桃山学院大学
　　　　竹埜　正敏（たけの　まさとし）　富士通商株式会社
第6章　石塚　哉史（いしつか　さとし）　弘前大学
第7章　森高　正博（もりたか　まさひろ）　九州大学
第8章　八木　浩平（やぎ　こうへい）　神戸大学
第9章　中村　哲也（なかむら　てつや）　共栄大学
第10章　石田　章（いしだ　あきら）　神戸大学
　　　　植村　麻弥（うえむら　まや）　元 神戸大学
　　　　牧野　このみ（まきの　このみ）　元 神戸大学
第11章　豊　智行（ゆたか　ともゆき）　鹿児島大学

講座　これからの食料・農業市場学　第4巻

食と農の変貌と食料供給産業

2022年12月23日　　第1版第1刷発行

編　者　福田　晋・藤田　武弘
発行者　鶴見　治彦
発行所　筑波書房
　　　　東京都新宿区神楽坂2－16－5
　　　　〒162－0825
　　　　電話03（3267）8599
　　　　郵便振替00150－3－39715
　　　　http：／／www.tsukuba-shobo.co.jp

定価はカバーに示してあります

印刷／製本　平河工業社
©2022 Printed in Japan
ISBN978-4-8119-0639-3 C3061